努力成为
你想成为的人

林一木 著

中国致公出版社
China Zhigong Press

图书在版编目（CIP）数据

努力成为你想成为的人 / 林一木著. -- 北京：中国致公出版社, 2018
ISBN 978-7-5145-1088-1

Ⅰ.①努… Ⅱ.①林… Ⅲ.①成功心理—青少年读物 Ⅳ.①B848.4-49

中国版本图书馆CIP数据核字（2017）第231439号

努力成为你想成为的人

林一木 著

责任编辑：孙兴冉 宋修华
责任印制：岳 珍

出版发行：中国致公出版社
地　　址：北京市海淀区翠微路2号院科贸楼
邮　　编：100036
电　　话：010-85869872（发行部）
经　　销：全国新华书店
印　　刷：三河市冠宏印刷装订有限公司
开　　本：889mm×1194mm　1/32
印　　张：8
字　　数：130千字
版　　次：2018年8月第1版　2018年8月第1次印刷
定　　价：36.00元

版权所有，未经书面许可，不得转载、复制、翻印，违者必究。

CONTENTS

目录

序　活出你想要的样子　‖ 001

Part 1　让过去的成为过去，重要的是现在

遗失的岁月给不了你想要的天长地久　‖ 006
过往就是不管甜不甜都只能去珍藏　‖ 012
最怕你记不住我，也忘不了他　‖ 018
成长会让你遇见更好的自己　‖ 024
那些失去的，未来会加倍还给你　‖ 031

Part 2　把每一次受伤，都变为前行的力量

没有不受伤的人，只有不断强大的心　‖ 038
成功始终隐藏在伤疤的背后　‖ 045
勇敢者的每一次前行都是负重肩头　‖ 051
胜利不过是打败世界，直面生活　‖ 057
缺陷会留给你另一份意想不到的收获　‖ 062

Part 3　努力成为自己的英雄

机会，是你自己创造出来的 ‖ 070

别回头，你的身后只有困兽 ‖ 076

远方，并不意味着有诗 ‖ 082

人生没有白走的路 ‖ 088

做自己的英雄，不只为了掌声 ‖ 094

Part 4　错过的知己不要再揪住不放手

为什么只有锦上添花，没有雪中送炭 ‖ 102

友情破裂不一定非要有什么理由 ‖ 108

一辈子的尽头，原来就是毕业 ‖ 114

年少时的朋友，只适合怀念 ‖ 119

好走，不送 ‖ 125

Part 5　情可以移，爱也可以重来

分手没有想象中那么可怕 ‖ 132
为何你不愿意结婚？ ‖ 138
你之所以情场失意，是因为不分情谊 ‖ 144
"嫁值"昏心，"价值"清脑 ‖ 150
交利的人一起欢闹，交心的人一起变老 ‖ 155

Part 6　成就TA，也成就了你自己

一个萝卜只能有一个坑 ‖ 162
别怪我无心地做了件有心事 ‖ 168
不是所有人都可以待价而沽 ‖ 174
人最终要负责的只有自己 ‖ 179
你就是自己的太阳，无须凭借谁发光 ‖ 185

Part 7 心大了，舞台就大了

低头也是一种进攻 ‖ 192

生如夏花，莫开半夏 ‖ 196

你若盛开，清风自来 ‖ 201

我们没有必要耿耿于怀 ‖ 207

唯愿无事常相往 ‖ 212

Part 8 在浮躁的世界平静地过

自己别把自己吓怕了 ‖ 218

人活着，除了自由还有更多 ‖ 225

你越善解人意越有人在意你的委屈 ‖ 231

不要只用键盘敲打人生 ‖ 238

因果交替，运自己求 ‖ 243

序 活出你想要的样子

很早以前就想写一些关于自己人生经历的事情。不为引起多少人的共鸣，只为了纪念逝去的青春。

等我老了再翻开这本书，不晓得会是怎样一份光景。

昨天，我在日记本里写下了一句话：莫留恋，前方永远有新念。

所以今天，我用这句话作为我的序言。

人生是一段跌跌撞撞，同时又充满未知的旅行，每个人长大后都不会和小时候幻想的一样。

从小到大，我有过很多梦想，但迄今为止，变成现实的却寥寥无几。

读小学的时候，我想成为一名老师，管理一众学生，变成"桃李满天下"的人。可长大以后才发现，自己并不能成为一个好老师，因为我并不懂得因材施教。万幸，我没有成为老师，不然岂不是误人子弟。

读初中的时候，我梦想成为一名医生，在手术台上救死扶伤，帮助那些需要帮助的人。可长大后才意识到，自己并不适合成为一名医生，手术台上一丝一毫都马虎不得，而我做事情并没有那么细心。万幸，我没有成为医生，不然岂不是耽误了患者的病情。

读高中的时候，我想成为一名心理咨询师，帮助那些心中有难言之隐的人走出痛苦。可长大后才幡然醒悟，自己不一定要成为心理医生，也能够帮助别人摆脱阴暗，给别人的心中带来光明。

读大学的时候，我看着校园里的满园春色，渴望着能够成为一名流浪的背包客，阅尽世间万事，体味各种人生……可最后，我坐在了电脑前，日复一日守着编辑的工作……

但我很庆幸，找到了自己喜欢的工作，有了自己热爱的事业。

那些曾经有过的念头早已经被我抛诸脑后。或许有人说，不是说要坚持吗？

生活需要坚持、需要毅力，却不是无谓的挣扎，不是随意的决定，更不是多余的留恋。

在我们没有想清楚之前，可能会有很多选择冒出来，但我们只能选择一个。至少，某个时期内只能选择一个。

毕竟，当我们把精力放在两件事情上时，最大的可能是两件事情都做不好。

　　人生不需要太多的留恋，过去的就是过去了，偶尔缅怀就好，不需要我们心心念念、深陷其中。

　　就像旅行中，你看到了一片美丽的花园，不想离开了，于是定居下来。

　　但你永远不知道，在这片花园的下一站，有更大、更美丽的花园在等着你……

　　人生，莫要选择留恋，所有失去的都会以另一种方式归来，前方永远有新事物在等着你。

Part 1

让过去的成为过去,重要的是现在

遗失的岁月给不了你想要的天长地久

很多人的悲惨生活都是由于自己太过犹豫造成的。

太过犹豫的人,永远不知道自己未来的道路在哪里,也永远不知道自己想要什么。就像蝴蝶注定飞不过沧海,过于犹豫的人注定找不到自己的诗与远方,他们看到的、经历的都是眼前的苟且。

我的朋友杨哥就是一个很好的例子。

杨哥是个农村娃,也是他们村里的第一个大学生。十几年前,大学生并没有现在这么常见,"包分配"是当时很多人求学的原因之一,杨哥也不例外。所以,走出村子是他当时唯一的愿望。结果,当他的愿望达成后,他却没有如愿留在大城市,而是回到了他从高中就开始渴望离开的小县城。

杨哥不止一次地向我抱怨过讨厌现在的生活,我也时常开解他,但我明白,杨哥现在的生活是他自己的选择。或者说，他所讨厌的这一切都是他一手造成的，是他一步步把自己推向了深渊。

在校期间，杨哥的"选择恐惧症"就已经很严重，甚至变成了一个连"中午吃什么"都能认认真真思索一上午的人。如果不是当初互联网还没有普及，他或许会用目前网络上最流行的"截图"（有人将动态图片上传到网络，图中包括多种食物，使用规则是使用者打开图片，然后利用手机的截图功能，从动态图片中选择午餐。该"发明"号称为解决"选择恐惧症患者"吃饭难题而出现，事实上，许多"选择恐惧症患者"也表示因此"发明"而获利）方式来决定午餐吃什么。

虽然对于杨哥来说，我的说法可能有些夸张，但不可否认，他是那种只要眼前有两个选择就会摇摆不定的人。或许对吃饭等小事都心生犹豫的性格对某个人人生的影响不大，但如果这种做法被无限放大，就会影响一个人的一生。比如在选择选修课时，比如在职业生涯规划方面，再比如在未来的道路选择上，等等。

临近毕业时，生性犹豫的杨哥终于迎来了最难熬的时刻——他不得不做出一个选择——一个决定他未来的选择。

然而，不同于现在很多大学生面对毕业时的迷茫，在那个大学毕业生"包分配"的年代，很多大学生的出路都是一早注定的。当然，也有一些人乐于自由选择职业。但，杨哥明显不属于这两者。

摆在杨哥面前的路有三条——一是考研；二是等学校分配；三是回老家自谋出路。

在杨哥心里，他是倾向于前两者的。因为在那个知识相对贫瘠的年代，读书不仅是为了找到好出路，也是为了获得更多知识。但是杨哥的家庭条件并不允许他做出这个决定——杨哥在家排行老大，家里还有两个妹妹、一个弟弟，为了凑齐杨哥这个"山沟沟里飞出的金凤凰"的学费，两个年纪稍小的妹妹初中没毕业就辍学打工去了，身无所长的父母只能靠家里的几亩地过活，一家人节衣缩食把钱全给了杨哥。

尽管家人拼尽全力支持杨哥读书，但那些钱也仅仅能够交齐学费，杨哥的生活费还是得靠自己。杨哥生性犹豫，但在打工这件事上，他倒是没什么好犹豫的——对于一个需要钱养活自己的人来说，工资高低是最大的决定因素。

杨哥明白，家里已经无力支持他继续深造，更何况一大家子人还等着自己养活，深造的道路注定是行不通了。

那么摆在杨哥面前的路只剩下两条——等学校分配，或者回到家乡。

父母是希望杨哥回去的，理由也很简单：跟杨哥年纪差不多大的人早已经成家立业，杨哥也该安定下来，谈一门亲事了。

在"回家结婚"和"留在大城市"中纠结的杨哥最终还是没有逃脱"被安排"的结局。当他终于决定要留在大城市时，学校也刚好将他分配回了家乡。一年后，杨哥在父母的安排下结婚生子。

杨哥原本以为，凭借自己的能力可以再度回到大城市，可没想到这一待就是十几年。

机遇从来只给有准备的人，像杨哥一样摇摆不定的人注定会错失机遇。哪怕这十几年中有的是机会，但孑然一身时杨哥尚且犹豫，拖家带口又岂能轻易做出决定？甚至，他连选择的勇气都没有。

很多人认为，时间能够给出最好的答案。但事实告诉我们，时间并不一定能够治愈伤口，也并不一定能够解决问题，它只会让我们淡忘，忘掉最初的自己，忘掉我们向往的天长地久。渐渐地，当你习惯了现在的生活，你就不会再去想曾经的梦。

在那些遗失的岁月里，有人习惯得到，有人习惯失去；有人习惯缅怀，有人习惯失忆……可我们都明白，遗失的岁月并不能带给我们想要的天长地久。我们渴望的天长地久需要我们去改变，去争取，去努力。

想到了另一个朋友小王，也是在一次次的犹豫中蹉跎了时光。

大学毕业的小王一直乖乖地等亲戚帮忙介绍工作。刚毕业时，小王的亲戚给他介绍了保安的工作，从此以后工作的事情就没了下文。小王不止一次向父母提过要换工作、要换一座城市打拼的意愿，但他的父母并不同意，说让他再等等。

小王就这样等了两年。此时比小王还要小两岁的弟弟拒绝家人安排，自己找了一份工作。小王弟弟的工作轻松不说，薪资还是小王的四倍，这一点深深刺痛了小王，他不停问自己：为什么我要一直等待，而不是主动出击去找机会呢？

当他向亲戚又一次提出帮忙找工作却无果后，终于下定决心要换一份工作、换一座城市打拼。面对父母的劝阻，小王第一次有一种毅然决然的勇气，他很快递交了辞职信，收拾行囊离开了。

离开保安岗位，重新回到人才市场的小王其实并没有什么优势可言。他惊奇地发现，仅仅两年平稳的保安生涯已经让他无法重新融入激烈的市场竞争中，他除了相比刚踏出校门的大学生年长几岁、谈吐略成熟外，再无其他特长，就连在学校里学到的知识，也随着时间的流逝而遗失在了岁月里。

手中捏着简历的小王忽然觉得，自己就像在深山中隐姓埋名生活了数年的人一样，对这个世界一无所知。的确，现如今科技和信息更新迭代的速度已经赶上细胞分裂了，两年对于一个职场人士来说不算长,但也绝对不算短。

虽然小王是社会中的"老人",但除了做保安再无其他工作经验,对于很多企业来说依然是新人,所以他也只能找到一些不需要工作经验的工作。好在小王还年轻,尚且可以拼一拼未来,从基层做起或许是他最好的选择。

并不是所有人都能够"迷途知返",也不是所有人都能够在正确的年纪做出正确的决定。在我们对一切都充满未知时,犯错并不可怕,可如果我们明知前方是死胡同,却还是要走下去,那么我们生活中的悲哀就是自己一手造成的。

不要妄图时间给我们答案,也不要妄想遗失的岁月能够换来我们想要的天长地久。要知道,时间并不知道答案,遗失的岁月也无法窥见我们的未来。

过往就是不管甜不甜都只能去珍藏

有多少人能忘记过去呢?

我想我是做不到的。既然做不到,不如就把这段回忆珍藏在心中,以免我们时时刻刻放在心上,留下的全是阴霾。

记得我刚刚搬家的时候,恰好也是刚刚失恋的时候。那段时间,我动不动就跟朋友打电话,诉说衷肠:"我很想念她。"一个星期、两个星期,一个月、两个月、三个月……终于有一天,当我对朋友说出"我现在满脑子都是我的前任"时,朋友直接甩给我一句话:"你前任现在心心念念的是她的现任。"

经朋友的提醒我才想起,我的前任早已有了现任。她早已经从我的世界抽离,融入别人的生活中去了,而我还傻乎乎地站在原地。

大部分男人都不愿意承认自己是个拿得起、放不下的人，我也是。我一直对前任的事情耿耿于怀，因为我觉得自己不会轻易输给谁。但事实证明，我输了，而且一败涂地。

很多时候，我们搞不懂自己对前任是爱还是不甘心。这种心情就像犹豫着要不要扑火的飞蛾，既贪恋烛火的温暖，又不愿意被烧得伤痕累累，丢掉性命。那段时间我说了很多感人泪下的情话："只要你愿意，我的肩膀永远给你依靠""只要你愿意，我会一直在原地等你""只要你愿意，我随时可以再次接受你""只要你愿意……"

很遗憾，对方可能并不愿意。女人是水做的，恰如女人做出的决定，覆水难收。

借酒消愁大概是所有男人失恋后必然会选择的发泄方式，我也不例外。那段日子，我一直浑浑噩噩，不愿意承认自己输了，不愿意承认自己不如别人，不愿意承认自己的失败，更不愿意承认以前的快乐日子都是泡沫。

再后来，偶然在街上遇见前任，但我知道，无论是她还是我都已经变了，我们再也回不到从前的日子了。可不知道为什么，我的心里还是放不下，如同寂寞的枝丫，时不时便会在心里开出一朵苦涩的花，如同饮下了一碗黄连，苦到眼泪都忍不住掉了下来。

可我也知道，我没有道理去阻止她寻找自己想要的幸福。过去的甜蜜和苦涩再怎么难忘，也都是过去了，我们可以缅怀过去，可以珍藏记忆，却不能沉溺于其中。

就像逝去的人，无论我们多么想念，都不可能再回来了。

我有一个发小，在小学的时候就去世了，那是我第一次近距离接触死亡。这么说可能有些不准确，因为当时的我还不懂什么叫死亡，我只知道，我再也见不到他了。

他是因为生病而去世的。在去世前，他跟病痛足足抗争了一年，但最终还是没有战胜病魔。

《滚蛋吧！肿瘤君》上映的时候我没有去看，因为不敢去，我怕自己哭倒在电影院里，也怕那随着时间流逝而形成的伤疤再一次被一点点揭开。同样的痛苦，有谁愿意承受第二次？

虽然没有观影，但并不代表我没有去了解过这部电影。《滚蛋吧！肿瘤君》是由真人真事改编的，在电影举行发布会之前，故事的原型熊顿已经离世。很多人因为这一点，在电影院哭得稀里哗啦，走出电影院的男男女女都眼角通红，还有很多女生止不住哽咽。

在电影《滚蛋吧！肿瘤君》中，白百合饰演的熊顿是一个与肿瘤抗战一年多的女性，从得知自己生病到离世，熊顿一直以积极、乐观的心态面对生活，她的精神也感染了很多人。得知熊顿的故事时，我的心久久不能平静，这么说吧，熊顿的性格与我的发小的性格如出一辙。

我小时候是个很内向的孩子，发小一直是个很乐观、很活泼的人。认识他以后我渐渐变了,变得爱说话。他对我的影响就像是初春的阳光,一点点融化了我内心的冰冷,让我学会了寻找快乐,也影响着我在长大后还能乐观面对一切。

读小学三年级的时候,发小家搬到了另一个地方,发小随之转学。我们见面的机会也越来越少,但每次寒暑假他都会回到奶奶家找我。一年以后,我突然得知他生病了。

最初,我的发小并不知道自己患了肿瘤,或许那个年纪的他也并不知道什么是肿瘤。在接受化疗的那段时间,他一直表现得像个没事儿人一样,尽管他的头发已经掉光了,但他还会戴着假发,偷偷和我一起跑出去玩。直到今天,我都无法忘记他爽朗的笑容。

可能我见他的时候,他的病情还不严重,所以还能出来玩,可后来我很长一段时间都没有见过他。其实,小孩的忘性是很大的,半年后我就淡忘了这件事。直到那年临近年关的时候,我的父母在聊天时无意间说出了他去世的消息。

十一二岁的我其实还不太懂父母说了什么,一直到几个小时过去了,临睡觉的时候我突然开窍,知道自己再也不能见到他了。那一瞬间,我的眼泪止不住掉下来,那也是我第一次感觉到人生真的没有什么轨迹可言,一切都发生的那么突然,让人措手不及。

发小的生命在最好的年华戛然而止,给我造成了巨大的阴影。我不敢再交朋友,一是怕历史再度上演,二是在我那小小的、执拗的心中认为，如果我交了新的朋友就会忘记他，这是对我们友谊的背叛。

这种心态一直持续了三年，初中的最后一年，我忽然想明白了，最好的缅怀不是死死抓住过去不放，而是要活得更精彩。这对他是最好的纪念，对我也是最好的安排。

毕竟，我不能因为怕超越以前的甜蜜，就不去尝试新的幸福生活，我也不能因为不愿意体会当初的苦涩，而拒绝所有美好的开始。沉溺于过去，何尝不是为了逃避现实？

其实，每个人都有一些不可磨灭的记忆，或是爱情，或是友情，或是亲情。在这些记忆中，有苦涩，也有甜蜜，有不舍得忘怀的，也有想忘却忘不了的。无论我们怎么挣扎，怎么逃避，都无法脱离现实。

很多人梦想成为富翁，却也只是梦想而已。成为富翁不仅要靠机遇，还要有胆识，有面对困境时不认输的勇气。

2016年11月10日，郭正利去世了。很多人知道他的名字是因为他曾经是亿万富翁，而后因为投资失利，企业倒闭、老婆离开了不说，还欠了一大笔债。面对巨额债款，这位曾经的亿万富翁没有因为怀念过去的美好生活而消沉下去，而是向年迈的母亲求教麻油鸡秘方，并在市场摆起了摊位。

虽然麻油鸡的价格、利润都不高，但这位亿万富翁豁达的态度更加值得人们尊重。过去的事情无论多么不舍都是过去了，只有过好当下才是最重要的。

很多人渴望着得到一杯忘情水，希望忘掉过去的一切，然后重新开始。可是，后悔是每个人都会有的感情，无论我们愿不愿意接受，过去的事情都是既定的事实，后不后悔都无法改变历史。

一盘棋局尚且会有死局，更何况是变幻无常的人生。面对这种死局，我们不能一味逃避，而要坚强面对。

对于过往，我也无法真正忘记，只能在心中告诉自己，过去的，无论是苦是甜都无法再回去了。总想着过去又有什么用？除了回忆，除了抱怨，除了痛苦，它又能给我们带来什么？

既然过去了，就将它永远珍藏在角落里，只有放下那些不属于自己的，才能够过得更好。

这，就是过往——甜与不甜都只能珍藏。

最怕你记不住我,也忘不了他

劝君莫惜金缕衣,劝君须惜少年时。有花堪折直须折,莫待无花空折枝。

人生最大的遗憾大抵就是在最好的年华做出了错误的选择。无论是爱情、友情还是亲情,这个定律都同样适用。

有人说,懂得珍惜的人才配拥有。这句话说得太对了,如果一个人对身边的东西不珍惜,一再消耗得天独厚的资源,那么他就不配拥有这件东西。感情亦如是。

还记得一年前,我的哥们林逸在一个暗恋他的女生的婚礼上喝得酩酊大醉。我用尽所有力气把他扛回家后,他紧紧地拉着我,嘴里喊着新娘的名字,对我掏心掏肺地说了很多话。我知道,他其实一直都喜欢那个女生,但是他也一直都不愿意从初恋的阴影中走出来。

我们叫不醒一个装睡的人,骗不了自己爱一个不爱的人。同样，如果林逸不愿意从那段故事中走出来，谁也不能逼他这么做。

林逸和他的初恋是大学同学，两个人朝夕相处了四年。林逸说，那是他这辈子最难以忘怀，也是最不愿意忘怀的时光。

如果命运的大手想要将你推向悬崖，那么你连躲都没地方躲。和大多数不被祝福且不争气的初恋故事一样，林逸的初恋在他拿到大学毕业证书后画上了句号。那天，就像偶像剧里常见的剧情一样，林逸追着公交车跑了一站地，也求了一站地。可是偶像剧毕竟只是偶像剧，林逸也没有男主角的光环，他当时心心念念的那个"女主角"始终没有回头。

分手后，林逸天天找我出去陪他喝酒。当然，他负责喝酒，负责喝醉后站在马路上呼喊初恋的名字，负责哭得一塌糊涂，而我负责结账，顺便把他拖回家。

这样的日子大概过了一个多月，林逸总算愿意回归正常，至少看起来是这样的。他剃掉了厚厚的一层胡楂，去理发店剪掉了乱糟糟的头发，每天按时吃饭、按时睡觉，也不再叫我去喝酒。可我总觉得，他用表象把自己的内心深深埋了起来，不让任何人触碰，更不许他人挖掘这段回忆。

后来林逸开始找工作，他是那种能够化悲愤为力量的人。两年后，林逸已经成为他们部门的明星员工了。事业有成的林逸终于忍不住去找他的初恋，但那个让林逸念念不忘的女孩已经成为别人的未婚妻。

从初恋家回来,林逸一声不吭,照常上班,只是工作起来更拼了。也正是那一年,林逸遇到了陈芳,那个暗恋了林逸五年的女孩子,那个让林逸哭得更加惨烈的女孩子。

陈芳算是林逸的徒弟。刚刚毕业的陈芳通过林逸所在部门的面试,成为林逸的"晚辈",林逸把这个小女生当作自己的妹妹,对她很照顾。没有哪个女人不喜欢睿智、成熟,更重要的是懂得照顾自己的男人,所以偶像剧里常见的烂俗情节在林逸和陈芳身上一一上演——陈芳爱上了这个大她两岁、对她的关怀无微不至的男人。

可面对陈芳的表白,林逸一直拒绝,或者说他一直在逃避这个问题。他私下找我喝酒的时候跟我聊过这件事,他说他还是忘不了初恋。那天在大排档,林逸没吃什么东西,却喝了好多酒,喝醉了以后,林逸坐在马路边上哭了起来。我知道他还在怀念初恋,或是因为还爱着对方,或许是不甘心。

总之,陈芳一厢情愿地在逐爱之路上跌跌撞撞走了五年。五年来,陈芳拼命追逐,渴望跟上林逸的脚步,林逸则拼命逃避,希望背后没有陈芳这个小尾巴。

就像没有人加柴的火堆迟早会熄灭,再怎么一腔热血的爱恋,在得不到回应后总会逐渐冷却。

五年的追逐让陈芳身心俱疲,她接受了一个一直等她的男人。

陈芳订婚的消息传来时，林逸有那么一瞬间的茫然无措，在他的眸子里，一抹失落不经意闪过。五年来，他习惯了拒绝，也习惯了被陈芳追逐，可短短几天，一切都变了。

泰戈尔的《飞鸟集》中有这样一句话："世界上最遥远的距离，不是生与死的距离，而是我就站在你面前，你却不知道我爱你。"

这句话被许多痴男怨女拿来赏析，人们感叹幸福可以轻易来临，而我们却不知晓。但在林逸的故事里，我看到的却是"世界上最遥远的距离，不是我站在你面前，你却不知道我爱你，而是我明明爱你，却没来得及抓住幸福"。

后知后觉的人是痛苦的，看看林逸就能知道这一点。陈芳结婚后，林逸心心念念的人不再是初恋，这个人变成了陈芳。但是，一切都已覆水难收。

早知如此，何必当初呢？

所以，有些东西失去了就不会再回来，与其一直念念不忘，还不如把握当下，不要让今天的自己因为昨天的抓不住感到后悔，更不要让明天的自己因为今天的自己而后悔。

得不到的永远在骚动，哪怕我们身边有更好的选择，还是会向往得不到的。

很多人都听过猴子掰苞米的故事。调皮的小猴子来到田地，摘了苞米又看上了隔壁的桃子，于是丢下苞米去摘桃子。拿到桃子的小猴子兴冲冲地赶回家,却在路上遇到了一片瓜田,圆圆的大西瓜吸引了小猴子的目光,它连忙丢下桃子,冲向了西瓜地。

小猴子在西瓜地里兴奋地大喊大叫,吵醒了午休的看瓜人,看瓜人拿起钉耙把小猴子吓跑了。最后小猴子看了看自己的手,除了留下一丝苞米和桃子的味道外,再无其他东西,伤心的小猴子十分失落地走回家了。

回到家以后,小猴子的妈妈问小猴子今天做了什么,小猴子蔫蔫地将自己的经历告诉了妈妈。猴子妈妈听完后,笑着说:"傻孩子,你这样做当然什么都得不到。明天你出去以后,认真想想自己想要得到什么,然后再去找这个东西。"

第二天,小猴子想了一路,决定要桃子,于是到果园摘了许多桃子回家了。

很多时候我们会嘲笑这只傻傻的小猴子,但是,这个小猴子难道不是我们的真实写照吗?已经成年的我们长年累月为工作和生活奔波,虽然懂得了很多,但还是忍不住上演小猴子摘果子的剧情。有多少人在追逐梦想的时候,心里想念的却是曾经失去的那一份美好?有多少人执念曾经不肯放手,却感到身心疲惫。

静下心来想想,在时光流逝的过程中,我们有多少时刻是在找到现在的"我"。很多时候,记忆中的我们更像是另一个人,一个和我们共用同一具身体的"他"。

不管是"我",还是记忆中的"他",一旦我们沉沦,就会发现自己过得并不快乐,而且这种不快乐是一个死循环。

欢子有一首歌唱得很好:"我们都在怀念过去,失去才懂得珍惜……"

人生在世,怀念是必然的,但是如果我们沉浸在"他"的世界里,不能珍惜现在的"我",那么我们的人生注定会陷入不断的"怀念→失去→珍惜"中。

愿你能走出回忆,珍惜当下。

成长会让你遇见更好的自己

你有没有想过，你的奋斗是为了什么？是为了别人眼中更好的未来，还是为了心中更加优秀的自己？

如果你想清楚了这个问题，就会发现很多事情都迎刃而解了。

前段时间，楼上的一个哥们老是找我抱怨工作不好做，骂自己的老板是外行，自己兢兢业业这么多年，却还不如一个新员工受青睐；以前的同事们也不好相处，很多事情都斤斤计较，帮点忙还推三阻四……

我每次都是笑而不语，因为我知道他需要的只是个听众，而不是一个分析师。我也知道，他每次找我抱怨完，第二天都会兴高采烈地去上班，围绕着他认为的那一群人，说一些极度无聊的笑话。

其实，我身边类似这样四处说老板坏话的人并不少，但我很纳闷，既然老板这么不好，为什么还要跟着老板？一个人既然能够成为老板，必然有过人之处。

以前看过一个故事，内容是一个男人走进宠物店，想要买一只宠物回家。

这个男人在店里观察了一会儿以后，指着笼子相邻且外观一致的三个宠物说道："右边这只多少钱？"

老板说："1000元。"

男人惊呼："这么贵？可这并不是什么名贵的宠物啊？"

老板说道："可是，这只宠物会跳舞。"

男人饶有兴趣地看着中间的宠物问："那么这只也会跳舞？"

老板点了点头："是的，它不仅会跳舞，还会打拍子，所以它售价2000元。"

男人指着左边的宠物继续问："那么这只呢？"

老板摇了摇头，说："我并不知道它会什么，但我知道中间和右边的宠物都听命于它，所以它售价5000元。"

最后，男人买走了三只宠物。

这个故事多少有些寓言的意味，但是我们无法忽视一个"老板"的重要性。

回归到主题上来，老板的重要性是不言而喻的，但你既然得不到老板的赏识，必然是因为在老板心中，你无法达到他的要求，无法实现他想要的价值。

有些员工是因为工作态度不够认真而得不到老板的赏识。我有个朋友以前是做房地产经理的，他总是向我抱怨自己工作多么辛苦，连节假日都要坚守在岗位上，但是挣得工资却可怜巴巴。

我问他："每个月能卖出去几套房子？"

他说："好多人都是看看，根本不是来买房子的。"

我接着问："那你们公司的人都是这样认为的吗？工资都这么低吗？"

他似乎有些不愿意回答，静默了几秒钟后说："也不是，有些人不知道从哪儿找来的托，每隔几天就能卖出去一套房子，他们的工资自然高。"

我瞬间明白了他的工资为什么少的原因了。他从来没有认真对待这份工作，也无法为公司产生价值，自然工资低，晋升的机会也少。

没过多久，他就转行了。仔细想了想，认识他五年以来，他已经换了十几次工作，平均四个月换一次工作。这样频繁跳槽，再加上对工作不上心的态度，自然无法得到老板的赏识。

另一种无法得到老板赏识的人是无法产生价值的人。或许你身边也有这样的例子：

某个人天天加班到深夜，公司组织活动也都十分积极参与，可"升职加薪"这四个字与他永远无缘。于是他不服气，到处向别人说自己为公司劳心劳力许多年，没有功劳也有苦劳，最后公司却无情地抛弃了他。

问题的症结在哪里？不是老板傻，而是老板太过聪明，他知道你所有的努力都是表象，而不是真正为了公司。

员工与企业之间其实是很直白的价值交换，你产生了多少价值，老板就支付你多少薪水。这里所说的价值是结果，而不是每天坐在办公室喝喝茶、看看报纸就可以了，也不是每天多扫几次地、多帮上司送几份文件就可以了。我们的工作态度是核心因素之一，产生的价值也是核心因素之一。

在管理层看来，员工之所以能够获得升职加薪的机会，是因为他对公司做出了贡献，创造了价值。而上述例子中的人明显犯了一个错误，他把对工作的态度当成了得到报酬的依据，而不以自己产生的价值计算自己的薪酬。在他的思维中，只要做事积极，对公司忠诚，就应该得到公司重用，就应该升职加薪。

有这种想法的人，只是身高、体重和年龄随着时间流逝不断增加，而不是真正变得成熟。真正的成长是心理成熟，而不是生理成熟。

在现实中，眼高手低是很多人的通病。他们不愿意放低姿态，去做一些看起来十分不起眼的小事。可是很多大事都是由小事一点点累积起来的,当你琢磨透了,把事情做好了,不仅能够获得老板的赏识,对自己而言也是一种提升。很多人被《士兵突击》里的许三多感动了,他平凡,甚至毫不起眼,还时不时拖后腿,但他对待生活认真和不服输的态度让很多人都念念不忘。

很多人和许三多一样不服输,但是这种不服输是口头上的,除了说别人几句外,再无其他动作。而许三多的不服输是行为上的,他用实际行动证明了自己,也成就了自己。

刘菲是我的学妹,她刚刚踏出校门走向社会时,只是一个瘦瘦小小的小女生,属于放在人堆里都找不到的那种。现如今,经过五年的奋斗,她体型上还是瘦瘦小小,甚至比刚毕业时更加纤弱,但她的气场却越来越强大,气质也越来越好,远远望过去,只需一眼就能从人群中找到她。

和许三多一样,刘菲也是一步步成长、一点点改变的。职场新人难免要比前辈努力,很多东西是在校时从来没有接触过的,虽然有前辈带,但有很多东西必须靠自己去摸索。那段时间,刘菲从来没有在晚上十点钟之前回过家,甚至有时候,凌晨三点才回家,七点钟又匆匆赶去公司。

对于这段时间的辛苦,刘菲也只是笑笑,咬咬牙挺过去了,偶尔闲下来休息的时候,她会找我聊天,告诉我她觉得自己过得很累。但是,她没有抱怨过一句。我也知道,这种生活虽然累,却让刘菲快速地成长起来,成为新职员中的佼佼者。

工作一年，刘菲已经成为部门小组的组长，带领当初跟她一同进入公司的伙伴们打拼；工作三年，刘菲成为部门的副经理，公司里很多曾经的前辈已经成为她的手下；工作五年，刘菲成为部门经理，带领一众成员埋头苦干。

如今的刘菲，浑身洋溢着自信、阳光、成熟的味道，举手投足之间尽显优雅气质，面对任何大小活动都处理得有条不紊，面对突发情况的应变能力也很强。前几天她还更新了朋友圈："五年前的我刚刚踏出校园，走向社会的我是盲目的，甚至有些仓皇无措，在焦虑中度过了一段迷茫的时光，而今天的我，由内而外都是全新的。"

说到这里，可能有人会说："我之所以付出那么多精力，无非就是想要成功，想要获得更好的生活环境。"想要更好的生活环境没有错误，想要成功也是人之必然，但是，在你一心想要获得更多的时候，是不是把手边的事情做好了？通向成功的道路有很多，唯独做梦这条路走不通。

只是，十个人里面有六七个人都是把工作当成任务，只求"完事"。有些人觉得自己付出了很多，但是看不到回报，所以没了耐心，选择放弃。其实，成长就像竹子一样，只要屈下身子将根扎实，就能够在朝夕之间成长为"参天大树"。

不要只把眼睛放在眼前的成功上，努力提升自己的能力，你的成长要比成功更加重要。

　　成长是生命中最大的财富，只有我们真正成长了，遇到的所有问题才能够迅速被强大的内心消化掉。

那些失去的，未来会加倍还给你

34岁那年，出身农村的老葛决定考研。

对于2000年前后的"村里人"来说，34岁的人早已失去了拼搏的权利，他们应该有一份稳定的工作，应该闲下来打打牌、唠唠嗑、给孩子辅导辅导功课……

可老葛在34岁的时候，偏偏选择了重拾课本去考研。很多亲戚、朋友、同事都不支持老葛的决定，毕竟老葛在镇上任教，丢了这样的铁饭碗还上哪儿去找？可老葛还是力排众议，毅然而然地走上了这条道路。

重拾课本的过程是辛苦的，每天看着别人打牌、下棋，而自己只能在一旁背英语单词。偶尔，老葛也会羡慕别人安逸的生活，也会想要摸几下牌、下两盘棋，可终究还是想想，而后又抱着课本苦读。

决定考研的第一年，老葛的专业课成绩优异，但英语却没有考好，以五分之差错过了升学的机会。他有些气馁，进而联想到了那个算命先生——那个说他考研会失败的算命先生。有那么一瞬间，老葛开始动摇，是不是自己真的与这条道路无缘？

但很快，老葛从这个困境中走了出来。有些事情一旦迈开步子，想停下来都难，就像有些人决定走某条路，不到目的地就绝不停下。

决定考研的第二年，老葛更加刻苦学习，天天把自己关在屋子里，那些住在一个院子里的人时常看不到老葛的身影。埋首苦读后，老葛终于如愿考上了心仪的学校，但，老葛是自费读书。

很多同事开始笑老葛傻，三年时间，有多少工资都白白浪费了。可老葛笑而不语，告别父母妻儿，收拾上行囊踏上了远方的列车。

失去了铁饭碗和经济来源的老葛，生活变得很糟糕，好在课不多的时候可以去做家教。半年后，老葛的妻子也来到了同一个城市，帮别人带孩子，两口子的日子过得紧巴巴，倒也不失乐趣。

转眼间老葛毕业了，顺利拿到了硕士学位，也顺利回到家乡市区一所大学任教。几年后，不安分加上更强烈的求知欲让老葛选择了攻读博士。

又过了几年后，老葛坐在我对面，对我讲出了他的故事。

"其实你不选择这条路也能够安逸地度过一生,而且还不会这么辛苦,你有没有后悔选这条路?"听完故事后我问道。

"为什么会后悔?"老葛似乎没有想到我会这么问,看着一脸疑惑的我,他继续解释道:"其实我当初也想过自己的选择到底对不对、值不值得。尤其是拿到硕士学位后,我发现之前的同事跟我的生活情况其实差不多,那个时候我也有那么一点点动摇。夜深人静的时候,我不停地问自己,是不是不该选择再次踏上求学之路?"

说到这里,老葛意味深长地看了看我,才继续说:"可是当我获得博士学位后,我的生活变得越来越好,也越来越轻松。之前的同事面临突然到来的改革不知所措,他们要应付各种各样的考试,有时候甚至觉得他们慌慌张张,好像随时面临失业一样。"

说到这里老葛笑了笑,喝了口茶后不再说话。之后我们便开始闲聊了很久,老葛临行时说的那句话却一直在我的脑海里回荡。老葛说:"其实选择这条路看似失去了很多东西,但我曾经失去的都以另一种形态回到我手里了。"

是啊,人生中有多少东西是看似失去了,但其实从没有远离我们。

想到曾经爱得死去活来的一个女性朋友——小诺。

小诺曾经说过:"在一起的时候,我以为他是一切,是我的全世界,我以为离开了他再也无法体味什么是爱情。可分手后我才发现,原来天那么蓝、水那么清、世界那么美,只是我一直追寻他的脚步,没来得及看沿途的风景。"

小诺和她的男朋友小安是大学同学。一次联谊会让他们相识,一次春游让他们决定在一起,一切看起来都是那么缘分使然。

可是,幸福来得快去得也快。他们在一起没多久就陷入了第一次冷战,原因很简单,男生多看了隔壁班的女生几眼。热恋中的人是最反复无常的,他们很快就和好,再一次笑嘻嘻地出现在我面前。可我没有忘记,就在他们和好的前一天小诺还泪珠连连地哭诉。

此后两年,他们一直断断续续。分开的理由很简单:小安不懂得照顾小诺,只知道让小诺"多喝热水";小诺不懂得体恤小安,只知道让小安多陪伴;小安忘记了纪念日;小诺不让小安打游戏……

大学毕业时,小诺和小安与大多数情侣一样各奔东西,我断断续续听人说起过,他们和好了,他们要结婚了,他们分手了……

直到小诺毕业三年后,我再一次遇到了她,几年职场打拼已经让她变得成熟,当时眉宇间那股子无法抹去的哀怨也消失不见。

"好久不见。"小诺笑着跟我打招呼。

"好久不见。"我也笑着回应,"这几年过得好吗?"

"嗯,挺好。"小诺说。这是我认识她多年来,第一次见到她笑得这么开心、这么纯粹。

与小诺聊过以后我才知道她真实的近况。

"大学毕业后我们各自回了老家,原以为不会再联系,但是小安来找我。几年的感情,谁都不可能轻易放下。后来我们订婚了,但结婚前一个月,我们还是分手了。分手后我没有像偶像剧的女主角一样在雨中痛哭,也没有想象中那么撕心裂肺,反而有一种如释重负的感觉。"小诺顿了顿继续说,"我们两个人在一起就像彼此间系了一根橡皮筋,小安想向东走,我想向西走,谁都不愿意迁就,也不愿意松手,生怕一松手就会伤害到对方,所以我们越活越累,越来越想放弃……"

说到这里,小诺叹了口气:"放手后我才发现,原来我们在一起真的是互相拖累,谁都不曾真正开心。经过这件事以后,我原本以为自己已经失去了爱一个人的能力,直到后来在一次旅行中遇见了陈宇。"讲到陈宇时,小诺的神色明显变得轻松了许多,眼角眉梢都有一丝甜蜜。

小诺一边微笑一边说:"我和陈宇有很多共同爱好,我们喜欢旅游,我们热爱一望无垠的大草原,我们喜欢看的书、喜欢听的歌都是类似的,我们有共同的人生目标。最重要的是,我们在一起所做的事都是出于双方共同的兴趣,从来不用相互迁就,更不必刻意委屈自己。"说完,小诺眼睛盯着窗外,阳光照在她的脸上,使她呈现出一种前所未有的美好状态。

我顺着小诺的目光看去,一个男生落在我的眼睛里。很显然,这就是让小诺浑身上下都透露着甜蜜气息的人。

"陈宇来接我,我先走了,改天再聊。"小诺说完后,蹦蹦跳跳着走到了那个男生身边。

那天我忽然明白,有很多东西我们以为失去了,再也没有能力拥有了,其实是有更好的安排在等着我们。我们的生活不是被刻意安排好的剧本,每一次悲欢离合都受人操纵。真正的人生其实掌握在自己手中,当我们失去了一样东西时,坐在原地哭是没有用的,不如好好地升华自己,努力将自己失去的东西拿回来。

人的一生会遇到很多人,也会经历很多事。在岁月的长河里,没有什么是一成不变的,可即便要改变,我们也要努力向着最好的方向改变。

就像是雪地里的困兽,即便满身伤痕,即便前路未知,也要咬牙坚持走下去。

要知道,曾经失去的东西一定会以另一种方式回来。我们要做的除了静静等待,就是不断提升自己,在它回来的时候配得上它。

Part 2

把每一次受伤,都变为前行的力量

没有不受伤的人，只有不断强大的心

许多人觉得自己都在人生旅途中跌跌撞撞，不断受伤、不断受挫，想停下来，却还是会被席卷着、推搡着走下去。

于是有人会问："他的运气怎么这么好？他怎么从来不会遇到问题？他为什么从来没有难过的时候？"

其实，他的运气并不好，他也会遇到很多棘手的、解决不了的问题，他也会有躲在被子里、攥着拳头哭的时候……只是，这些隐藏在阳光下的灰暗，除了自己知道，外人是永远也看不到的。

即便是一个天天笑得没心没肺的人，也会有哭得撕心裂肺的时候。这世界从来就没有不会受伤的"幸运者"，有的只是那些在受伤后仍然能够笑着面对生活的"苦难者"。

很多人被1983年出生的流浪歌手陈州感动了。因为命运对他是如此不公，但他从来没有抱怨过，也从来没有对未来充满胆怯,最终创造了属于自己的人生传奇。

陈州出生于山东临沂,童年时父母离异,他被判给了爸爸。随后,爸爸将他交给了年过半百的爷爷奶奶,离开了家乡。

贫困的家庭,年迈的亲人,使陈州小小年纪就要为生计奔波。但老天没有眷顾这个可怜的人儿——在陈州12岁那年,一场意外让他失去了双腿。虽然身躯不再完整,但他开朗乐观的性格和坚强不屈的灵魂并没有因此改变。

16岁时,在机缘巧合下,陈州发现了自己的歌唱天赋,这对正急于拥有一技之长,并以此为生的陈州来说,无疑是一个天大的好消息。

十几年后,29岁的陈州已经行遍中国600多个城镇,在这些城市里,陈州留下了他的声音和足迹,更为当地留下了一段没有双腿的"灵魂歌者"的传奇故事。相对于当时的很多歌手来说,陈州的舞台设备简直不值一提——一套极其普通的音响、用以支撑身体的小木箱,这是陈州的"全部家当",但简单的设备更能折射出陈州歌声中的深情流露。

一首《水手》道出了陈州对待人生的态度:"他说风雨中这点痛算什么,擦干泪不要怕至少我们还有梦。"

陈州的一切似乎都跟唱歌挂钩。唱歌成就了陈州,在唱歌中他结识了很多朋友,去了想去的地方,遇到了妻子,成为许多中国人心中的英雄……

但成名的陈州依然记得自己的初心，他说："特别想去拉萨，戴上墨镜，背上相机。我喜欢那种旷野的感觉。"虽然计划曾一再搁浅，但只要陈州想要做到，又有什么能够难得住他？毕竟，在人生最艰难的时刻，陈州都挺了过来。

生活一次又一次地深深刺痛陈州，但陈州并没有被打败，因为他的内心也在一次次受挫后变得更加坚强。拥有强大内心的人，才能够活出更好的自己。

陈州的内心高度大概是常人无法企及的。没有双腿的他，曾数次攀越泰山，身体残缺的他，要比很多身体健全的人更加勇于探险，但他为人称赞的地方绝不仅仅只有这些。

2008年汶川地震发生后，得知消息的陈州开着三轮摩托车，一路从山东来到四川，迅速参与到救援活动，用歌声抚慰灾区与他一样不幸的人。陈州这么做的原因很简单：当初孤零零流浪在四川，一些好心人曾经给他买过饭吃。

汶川地震中，许多人因灾难而残疾。陈州说，他们都是"自己人"，因为特殊的亲切感而成为朋友，这个过程要比健全人短很多。在陈州心里一直认为："其实残疾人没什么，就是有一点点不方便。残疾人不需要可怜、同情，大家在我们不方便时给一些帮助，我们就会走得很好。"

与大多数人相比，陈州无疑是伤痕累累的人，但他也是一个强大的人——来自内心与灵魂深处的强大，才是真正意义上的强大。

我一直觉得自己的内心很脆弱,所以一直四处寻找能够使自己变得强大的窍门。

在我心中,内心强大的人应该是"任凭内心情感翻涌,脸上表情却不显露一丝",恰如苏洵所说的"泰山崩于前而色不变"。但很多时候,我们都不是这样或那样的伟人。不要说是"泰山崩于前",一个突如其来的小小鞭炮都能让我们紧紧捂上耳朵。当然,这样的行为也不能算是错,毕竟这也是人类的本能反应之一。

越是生命中缺少的元素,越容易让人偏执。就像女孩子希望自己身边有一个盖世英雄,多半是因为这世界没办法给她安全感;男孩子希望自己身边有一个能照顾自己的人,多半是因为懒……

而我的偏执就在于我太过多愁善感,在于我的内心不够强大,在于我遇到问题时会迷茫、会彷徨、会恐慌……恰恰是因为这样,当我看到影视作品中那些内心强大的人,还是忍不住被他们吸引。

2015年,胡歌的两部影视作品长期霸屏,一部是古装剧《琅琊榜》,一部是谍战剧《伪装者》。在这两部剧中,胡歌分别饰演了外表看起来羸弱不堪、实则内心强大的梅长苏,以及最初浪荡不羁、后期逐渐走向成熟的公子哥明台。

胡歌塑造的这两个人物堪称内心强大的代表,而胡歌本人也是内心强大的人。

2005年1月，众多"仙剑迷"期待的电视剧《仙剑奇侠传》播出。这是第一部改编自游戏的电视剧，受到了众多影迷的追捧，胡歌更是凭借其中李逍遥这一角色被认为是"古装第一美男子"。

美好的事物来得太快，离开得也太快。2006年8月，胡歌遭遇车祸，身体受到重创，尤其是面部。对于一个刚刚走红的偶像型男生，这样突如其来的变故显得很残忍，但胡歌没有一蹶不振。伤好了以后，胡歌将"演技"看作重中之重，不断通过表演话剧等方式磨炼演技，这才让我们看到了两部优质的影视作品。

我也渴望能够成为内心强大的人，不管遭遇什么都能一笑置之。为了让内心更加强大，我不停地翻阅图书、观看电影，然后对着镜子一遍遍读着经典对白。我想象着自己就是主人公，我为了维护世界和平而战斗……

可是，这样做我的内心就强大了？

似乎现实并不是这样的。

书上说，内心强大的人，在与人讲话时语速会慢。哦，原来关键在于语速，于是我把自己的语速从1.2倍速降到了0.8倍速。

书上说，内心强大的人在谈判时，身体不由自主地舒展，占据更多的空间。哦，原来内心强大的关键在于占据更多空间，于是我也学习，甚至练习了现在很流行的"葛优瘫"。

书上说，内心强大的人，遇到问题不会随意宣之于口。哦，原来内心强大的人都喜欢深沉，于是我清空QQ空间、微博和微信朋友圈，只留下一句：人生不只有眼前的苟且，还有诗与远方……

第二天，朋友清一色评论"受啥刺激了？"，我妈也留了一句"失恋了？"

鬼知道我经历了什么。我那放慢的语速放在现在，或许会让很多人想到《疯狂动物城》中的树懒，有种急死人不要命的感觉；我那为了占据更多空间而练习的坐姿，除了让我腰酸背痛、叫苦不迭外，没有给我带来任何有意义的改变；而那条动态……算了，我不想再提了，那绝对是我人生中的"黑历史"……

我以为我掌握了窍门，找到了捷径，我惊喜、我得意、我开心、我尝试。可是，我好像距离自己想要的越来越远，面对问题时越来越容易崩溃。

直到有一天，我明白，我原以为自己变强了，但其实我的内心越来越脆弱。原来我所谓的方法，不过是我看到的表象。

就像读书时，并不是我们去模仿好学生的动作和穿着就能变成好学生，想要获得强大的内心也并不仅仅是模仿他人的外在就可以了。

那真正的内心强大是什么？有钱吗？财大气粗，是，也不是。

真正的内心强大是面对所有事情都不会害怕，不会被困难吓倒，更不会被自己的胆怯打败。人生最大的敌人不是别人，而是自己，如果自己不敢挑战所谓的"不可能"，如果自己不敢走出设下的"围城"，那么我们又如何强大？

没有谁生下来就有强大的内心，只是生活的酸楚使我们明白，如果不够坚强，我们没有办法走下去。

有人问："内心强大了，是不是就不会受伤了？"

我们因为受伤而强大，但并不是为了不受伤才变得强大。因为，这世界没有不会受伤的人，只有不断强大的内心。

成功始终隐藏在伤疤的背后

天将降大任于斯人也，必先苦其心志，劳其筋骨，饿其体肤。

没有谁的成功之路是一帆风顺的。在《周易·乾卦》中有一句话："天行健，君子以自强不息。"

也就是说，君子应该像天一样，发愤图强，永不停歇。只有不停拼搏，才能在重重伤疤之后，看到成功的曙光。

成长路上的伤疤是成功的精神支柱。有了这些伤疤，以及直面伤疤的勇气，我们就会有更大的信心面对生活，从而发挥自己最大的潜能，排除万难，活得更好。

很多人都听过贝多芬创作的《命运》，在这段钢琴曲中，这位命途多舛的德国音乐家让全世界听到了、感知到了他那"我要扼住命运的咽喉"的勇气与决绝。贝多芬让全世界看到了他敢于向命运挑战的身影，一首《命运》谱写了他生命的辉煌。

　　但是，贝多芬的成功并不是偶然，对于一个热爱音乐、从事音乐的人来说，失去听力无疑是晴天霹雳。是他在层层伤疤之下，不断挖掘、不断进取才看到了伤疤背后的成功。

　　上天对贝多芬是残忍的，可如果不是这份残忍，如果没有经过这段磨难，贝多芬也不见得能够创造出这么多让人们耳熟能详的曲调。毕竟，每一个传奇人物之所以能够成为传奇，是因为背负了太多的伤疤，拥有一颗伤痕累累但仍然积极进取的心，是他们获得成功、成为传奇的路径。

　　德国诗人歌德的作品《浮士德》中有这样一句话："凡是自强不息者，终能得救！"

　　显而易见，那些我们眼中了不起的人物，多半是把自己当作自己的救世主，他们坚信不能依赖他人解救自己。

　　我有一个从事美容美妆行业的朋友——郝晨。

　　刚认识郝晨一两年的人都觉得，这个女孩子真幸运，年纪轻轻就做到了老板的位置，每年都有几百万的收入。可我知道，郝晨其实并不幸运，反而很倒霉，她今天获得的一切，都是自己一步一个脚印争取来的。

　　郝晨出生于一个小县城，在家排行老大，家里还有一个弟弟和一个妹妹。在一个经济和思想相对落后的县城，迟早要出嫁的女孩子是"没必要读书"的，所以郝晨初中毕业就不读了。毕业后，年纪轻轻的郝晨背起行囊，跟着亲戚踏上了通往省城的列车。

那是郝晨第一次离开生她养她的小县城。就这样，郝晨跟着亲戚走进了市区，对于大城市的未知，郝晨充满了好奇，同时也充满了恐惧。她用了很长的时间才学会如何在大城市生活，如何过车水马龙的路口，如何同城里人打交道……

郝晨的第一份工作是在美容院做学徒。其实，从她花了很长时间才学会与人相处这一点来看，她并不适合这份工作——这样一份需要和顾客打交道，并借此推荐产品的工作。

但郝晨认定了这个行业，在一次次失败中，她一直坚持，直到今天。

在做学徒期间，不太懂得与人沟通、"不会说话"的郝晨没少挨骂，但每一次挨完骂她都一声不吭，直到把工作做好。有时候，郝晨会冲进卫生间流几滴泪。但她不敢也不愿意放声大哭，她不想被人发现自己的脆弱。整理好心态，郝晨还是会一如既往地对待工作，把每一位顾客都当作上帝看待。

可能有的人会因为一次次的失败、挨骂、被人看不起而产生心理阴影，从而在心里留下一道触目惊心的伤疤，一辈子再也不愿意触碰。我想，郝晨心里也是有这个伤疤的。只不过，郝晨并没有选择逃避，她敢于直面伤疤，甚至敢于揭开伤疤，直至自己抚平这条伤疤。

五年的时间很快过去，二十岁出头的郝晨早已不是当初懵懵懂懂的小姑娘，她已经成为美容院的经理。也是在这一年，郝晨辞去了工作，结束了给他人打工的时光，转而自己做老板。

看别人做老板时，总觉得所有东西都很简单，只有自己真的站在这个位置上，才能明白其中的艰难险阻。第一次做老板的郝晨也没逃过厄运，她的货款被骗了。

一时间，原本以为自己可以风风光光做老板的郝晨，变成了一穷二白的人。当时郝晨身边剩下的，只有一个光秃秃、还没来得及装修的店铺。

尝试过失败的滋味后，有些人"学乖"了，变得没有棱角，不再去揭自己的伤疤，这条伤疤也就成了他们永远无法逾越的鸿沟。但郝晨却是个特殊的人，她因这次受骗激起了斗志。

随后，还没来得及伤心难过的郝晨踏上了借钱的道路。碰壁是难免的，但好在郝晨最终还是借到钱了。当她拿着借来的钱，再次踏上通往省城的列车，她在心中暗暗发下誓言，下一次再踏上这片土地，我一定要风风光光地来，让别人对我刮目相看。

这一次回归省城之旅，让郝晨变了一个人一样。原先在美容院的大大咧咧不见了，仿佛又回到了当初第一次来到省城的时光,她变得更加小心谨慎。有时候甚至像一个贝壳,把自己的心思都藏了起来,不让任何人窥探。

那时候的郝晨其实也是怕的,毕竟手里的钱不光是自己的,大部分都是借别人的。如果受骗的事情再发生一次,郝晨不知道该怎么给支持她的人一个交代。在她心里,受骗的事情就像一把刀,深深地插在她心底。虽然这件事情过去了,她心里的伤口不再流血了、结痂了,但难免会留下一道疤痕。现在一切重头来过,无异于将她的伤疤撕开,仿佛每一个细节都在提醒她曾经的愚蠢。

可即便在外人看来有些畏首畏尾,即便郝晨自己也有些惴惴不安,她还是义无反顾地做了。用郝晨的话说:"这条路,是我硬要选的,是我硬要走的,承载了这么多人的心血,我没有权利选择后悔,更没有资格放弃。"

面对激烈的市场竞争,郝晨硬着头皮做了下去。这么多年,她挨训挨骂也好,上当受骗也好,唯一不变的是对顾客的初心。也正是这份初心,让她能够大获全胜,直至走到今天。

一个人心中有着奋发向上的动力,那么即便身体上有缺陷,他也会不遗余力地向着自己的目标前进。只要有这份勇气,就能够做出超乎自己想象的成绩。即使面对曾经的缺憾,即使曾经在这片土地上跌倒,我们也应该毫不退缩地向前走,以最好的状态战胜心中的困难。

所以说，当一个人拥有梦想，且愿意为梦想不懈努力时，全世界都会为他让路。郝晨就是这样的人吧！虽然最初历经磨难，虽然要一次次面对心中的伤疤，但至少，她终于守得云开见月明，实现了自己的目标，也实现了自己的人生价值。

成长必然会经历痛，它的价值就在于让你变得更加强壮。勾践之所以能够卧薪尝胆数年，最终一举灭掉夫差，是因为他眼睛里看到的是痛苦带给他的教训，而不是痛苦过后留下的伤痕。

一个人能够成功，不是因为痛苦本身，而是从痛苦的背后学到了什么。所以说，面对痛苦我们需要学会接受打击，但痛苦的价值并不限于此，它的价值是你在经历了痛苦之后学会了什么，在痛苦的背后看到了什么。

勇敢者的每一次前行都是负重肩头

曾经看过一幅漫画,让我感触颇深。下面是我整理的这幅漫画的文字:

有这么一群人,他们漫无目的地走着,而且每个人都走得很慢,因为在他们背后都有一块沉重的木板。

他们就这样背着木板走着。直到有一天,有一个人突然"开窍"了,他停了下来,把木板锯掉了一部分。很多人劝他,他却置之不理,心里想着:"这块木板又大又沉,还没有什么用,我每天这样背着它走路,什么时候才能走到终点啊!何况我只是锯短了一部分,又不是整个扔掉了,这叫创新精神,一定不会有什么事的。"

"改良"的木板轻了许多,他的心情变得好了,步伐也快了许多。又过了很长一段时间,那些与他一起走路的人已经被他甩在身后了,可是他抬头望了望,前面依旧人山人海。他又想道:"虽然木板已经被我锯掉了一截,但还是好重,这样下去,我怎么才能走到最前端呢?"

于是,他再次将木板的尺寸缩短了。再次踏上旅程时,他感觉前所未有的轻松,步伐更快了。一天、两天、三天……一个人、两个人、三个人……一段时间后,他终于超越了所有人,成为队伍的领头者。他回过头来看着身后浩浩荡荡的人群,他们一个个吃力地走着、挪动着,唯有他轻轻松松地站在了第一的位置上。他开始得意于自己的聪明,嘲笑身后那些人"太傻"。

可他的快乐没有持续多久。面前突然出现的沟壑挡住了他的去路,放眼望去,目光所及之处并没有桥,穿过沟壑是行不通的。而且沟壑曲曲折折,蔓延无尽,绕路显然也不可能。他急得在沟壑边上踱来踱去,只恨自己没有一双翅膀。

渐渐地,那些原本被他甩在身后的人追了上来。他们将背上的木板放下来,刚好跨越沟壑,依次从容地离开了。他看到后,十分庆幸自己没有丢掉木板,连忙如法炮制。

但是,被锯掉了一大截的木板根本无法触及沟壑对岸。"造桥"的计划就这么破灭了,他只能静静地站在沟壑边,看着那些曾经被他嘲笑为"傻瓜"的人从容地越过沟壑,继续前进。没有人安慰他,没有人把"桥"借给他,甚至没有人停下看他,只留下他自己在原地独自叹息,追悔莫及。

从我们出生的那一刻起,就注定未来会面对种种责任、义务,或许是学习方面的,也有可能是关于情感的,抑或是关于工作的。这些我们必须背负的东西,就像是上述故事中的木板。

虽然背负着木板,我们会步履蹒跚,但"木板"也从侧面说明了我们存在的价值。

所以,不要抱怨学习辛苦、工作劳累、感情心累,这才是我们应该做的。一来,我们的抱怨改变不了现状;二来,如果没有这些苦累,我们又如何尝到成功的甜头。

拒绝刻骨铭心的痛苦,何尝不是拒绝接受酣畅淋漓的欢乐。

这世上并没有真正的感同身受,没有站到你的位置上,没有遭遇过你的经历,就永远不知道你的绝望和悲戚。所以对于一个勇敢的人来说,只有自己才可以真正穿越黑暗,只有自己才可以真正直面痛苦,只有自己才可以真正备尝孤独。

只有历经风雨,才能看得到彩虹,在穿越最初的黑暗、痛苦与孤独后,勇敢者能够获得更进一步的提升。

大多数时候,负重前行的人相比轻松上阵的人走得更远。

我的两个前同事的故事恰好说明了这一点。我的两个前同事一个叫彬,一个叫博,两个人来自同一个城市,同一所大学毕业,毕业后第一份工作就是在我们公司工作。唯一的不同是，彬年长博两岁，但他们的差距绝不仅仅是因为这两岁。

彬是农村长大的孩子，是家里的老大，有一个小他三岁的弟弟。彬的家庭条件并不好，在彬读大学时，彬的弟弟选择离开校园，全力供彬读书。大学期间，彬的学费一部分来自他的弟弟，一部分来自兼职和奖学金。为此，彬一直觉得欠他弟弟的太多，工作后也是竭尽所能帮助弟弟。

而博虽然和彬来自同一个城市，却不是农村长大的孩子。博的家庭虽然算不上特别富裕，却也从来没让博在钱上犯过愁。大学四年，每一个寒暑假他都是在玩闹中度过的，或许他压根也没有勤工俭学的意识。

总之，彬就像寒风中的白杨，无论是御寒、缺水、缺肥，还是生病、除虫，都只能靠自己；而博就像温室的花朵，所求之事必然有人回应。

也许真应了穷人的孩子早当家这句话，背负了太多的彬明显比博能干、踏实、务实。最重要的是彬的自制力远远超过博，闲下来的时候，彬会看书，或是做兼职。而"自由散人"一样的博多半没有闲的时候——并不是说他有多忙，工作有多么繁重，而是他从来不认真完成工作，总是"今天的工作明天补"。

长此以往，无论是经济能力还是工作能力，博和同一时期进入公司的彬都没有可比性。

后来，彬离开了原单位，自己开了家公司。如今彬的公司已经度过了初创期的危险，逐渐走向平稳，而博还在原公司，做着一个默默无闻的小员工。

同样的平台，走出了不一样的结局，其根本原因就是彬和博两个人，一个是负重前行，而另一个选择轻装上阵。

现在很多人喜欢拿人生起点说事，觉得一旦起点低了，想要在事业上追上一个人是不可能的。有一幅漫画让我印象深刻：漫画中，一个穷人家的孩子和富人家的孩子赛跑。富人家的孩子长得胖胖的，嘴里含着棒棒糖，坐在父母的汽车上；穷人家的孩子身形消瘦，头戴学位帽，双手撑在地面上，身上拉着一辆车，车上坐着他的父母。

这个漫画说明了贫富的差异，或许穷人家的孩子很难追上富人家的孩子。可是，如果还没有试过就放弃，你又哪来的权利说不可能？

虽然穷人家的孩子和富人家的孩子在同一起跑线上，面对同一条跑道，但是在行进的道路上能够遇见什么，我们是无法提前知晓的。说不定他们也会遇见沟壑，说不定他们会遇见河，说不定富人的车子会抛锚、会没油……

既然有这么多机会可以超越富人，我们为什么不试试呢？

更何况，我们学习、工作，本身也不是为了过得比谁好，而是让自己的生活得到改善。只要我们的生活得到改善，那么我们过得是不是比富人好也就没有那么重要了，至少我们拼命前进的目的达到了。

梦想不易实现，但你一旦选择屈服，就是向命运低头。很多人没有从父辈手中得到财富，他们觉得自己的人生需要背负太多，未来是一个沉重的话题。对于这些人来说，改变命运的唯一途径就是背负着你应该承担的一切向前进。

在逐梦的路上，肩头负重和梦想都是你起航的翅膀，而不是刺痛现实的魔杖。毕竟，负重前行是为了让你的步子更稳，每一步都可以脚踏实地，而不是让你的步伐更沉重，甚至抬不起步子。

所以，勇敢的人，即便身负大山，也请保持你不断前行的脚步。

胜利不过是打败世界，直面生活

写这篇文章的时候，我刚挂断张彤的电话。

我和张彤是十多年的好友，从初中时被老师安排坐在一起，刚开始我揪她辫子、她给我画"三八线"，到后来渐渐熟识成为知己，再到现在她已经是两个孩子的母亲。其实想想，人的缘分好像挺神奇的，两个曾经互相看不顺眼的人也能够静静地打电话聊天。

话题有些扯远了，张彤给我打电话是因为她要去旅游了，让我帮她照看一下家。我欣然应允，聊了几句，她就挂了电话。她是什么时候变成这种风风火火的性格的，想到这里，我不禁觉得命运真的很神奇。

张彤说，这一次她的目的地是青海。我知道，那是她从小就向往的地方，她喜欢青海湖的蓝天，喜欢鸟类掠过湖面，留下一排涟漪……每个人都有最初的梦想，只是有的人毫不犹豫地向着梦想前进了，有的人畏首畏尾裹足不前，还有的人，没有时间。

张彤完全属于没有时间的那类人。从小到大，张彤一直在求学路上，没有那么多时间做自己喜欢的事，毕业后没多久就在家人的安排下结了婚，再然后生孩子、养孩子、生二胎……她的时间早已不受自己控制，所有的兴趣都比不上孩子的奶粉和尿不湿来得重要。

我其实从来没想过一向循规蹈矩的张彤，能够活得像现在这么洒脱。我还记得一年前她决定离婚时，给我打了一个小时的长途电话。电话一接通，张彤只说了一句"我要离婚了"，然后就开始哭。先是小声抽泣，接着声音越来越大，最后号啕大哭，说实在的，那声音真的有些刺耳。整整一个小时，我没说一句话，也不知道自己能说什么、该说什么，最后，我默默地听她哭了一个小时。

末了，张彤哭够了，甩给我一句"好了，没事了，有空再联系"，然后挂断了电话，留下我一个人对着手机发呆。后来我时常在想，她那风风火火的性格是不是由此开始萌芽的。

第二天睡醒以后我还在想，我昨天是不是做梦了。可明摆着的通话记录，对方是张彤，时长一小时，这些信息告诉我，张彤真的告诉我她要离婚了。

后来我没有找过张彤。离婚这种家务事，我不知道该怎么劝她,只能让她自己去消化。打完那通电话一个月后,张彤出现在我的面前,带着她的小女儿。

张彤的变化真的让我很吃惊。我很难想象她是怎么从一个月前那种歇斯底里状态中走出来的,还变得这样开朗。更让我惊讶的是,张彤这样的"乖乖女"居然会不顾家人反对,执意离婚,让我都有点无法接受。

但对于离婚这件事,张彤极尽可能地用轻描淡写的解释略过,两个人性情不合,老是吵架,她厌烦了这样的生活,最终决定离婚,给自己自由。

她问我:"你知道一对夫妻吵架吵到全世界都知道是什么感觉吗?"

"不知道。"我说,"你应该知道我并不喜欢用吵架解决问题。"

"是啊!"她叹了口气说道,"我也知道吵架不能解决问题,但我有时候看到他的样子真的忍不住想吵。可吵完了想想自己把所有的家丑都说了出来,搞得整个公寓人尽皆知,也真是尴尬。"

那天我才知道,张彤那次痛哭,是为了告别失败的婚姻,更是为了阔别曾经的自己。

人都是会变化的,但是像张彤一样变化那么快的人我真的很少遇见。

离婚后,张彤似乎想把自己失去的时间弥补回来,她开始试着把孩子留给父母，自己抽时间参与一些"说走就走的旅行"。当时张彤的小女儿已经到了上幼儿园的年龄，张彤的父母只负责接送孩子、给孩子做饭就好，倒也不算太费心，一切尚可应付。

从张彤带着小女儿回娘家，再到张彤决定去青海，这十一个月以来，张彤每个月都会到外地去。或是公司组织的旅游，或是出差的机会，或是自己调休，总之她用尽一切办法，挤出时间去实现自己曾经的梦想，包括登上五岳和黄山、去武大看樱花、去张家界、去丽江、去三亚……

每一次出去玩，张彤都会拍很多照片，有风景照，也有她的照片。她每一次更新照片我都会看，照片里，她的笑容越来越多，也越来越自然，她的状态越来越好。

人家说，爱情能够滋润一个人的灵魂。我想不到的是，原来离开一段不幸的婚姻也能给人带来这样巨大的变化。或许我们不是运气不好，不是过得不好，只是没有找到适合自己生活的方式，没有找到生活最佳的状态。

张彤的改变我看在眼里，知道她现在过得很开心，也衷心祝福她能够永远快乐。可即便我不说，谁都明白，并不是所有人都能够像我一样善待张彤。

这世界对于女人多多少少是有些敌意的，尤其是对于离异的女人。还有人大言不惭地说"离了婚的女人不值钱"，离了婚的男人就该值钱吗？感情不和造成婚姻破裂，这样的错误就应该完全由一个女人来承担吗？

这样的糟心事，张彤也遇见了不少。那些嘴上说着为张彤好，却一次次揭她伤疤的七大姑八大姨；那些以过来人的身份告诫张彤，女人离了婚就"不值钱"了，何况她还带着孩子的好事者……这世界对于离异女人的恶意早已根深蒂固。

面对这些，张彤没有妥协，也没有多说什么，可她却用自己的行动证明了，没有男人她照样可以活得很好，失去了婚姻她照样可以活得精彩，纵使年华老去她照样活得耀眼。

在这场离婚风波中，张彤无疑是胜利者。虽然她失去了婚姻，虽然她"回了娘家"，但是她却活得更加充实，更加真实。现在的她早已无所畏惧，她不仅有直面生活的勇气，更有打败世界的能力。

人生犹如海上漂泊的船只，遇到风浪只是常事，触礁这种危险的情况也会发生。人生本就变幻莫测，没有谁能够预知未来，我们所能做的就是面对不幸时，要学会直面生活，哪怕与全世界为敌，也要活出自我、活得漂亮。

因为，依赖别人不是长久之计，能够一直被你依赖的只有自己。当你成为一名胜利者，你曾经所遭受的一切不过是你的垫脚石。

同样地，你只有将曾经的苦难化作垫脚石，才能成为真正的胜利者。

缺陷会留给你另一份意想不到的收获

许多人知道"米洛斯的维纳斯"(以下简称"维纳斯")的原因是它不健全——从被创作出来到现在,经过几百年沉浮辗转,在一次意外中,它失去了双臂。

但是,失去双臂的维纳斯依旧美丽,甚至有很多人认为,如果维纳斯没有失去双臂,可能无法展现出现在独有的气质。

2003年8月5日,人们幻想了百余年的维纳斯的手臂被人找到。据称是从克罗地亚南部某个地窖被发现的,而这一发现揭开了一个惊人的秘密——失去手臂依然完美的维纳斯,其手臂居然像男人的手一样粗糙。

这个观点提出后,很多人就其真假提出质疑。比如断臂的发现者、考古学家坎贝尔·霍舍尔就曾提出疑问:"难以置信!一个在解剖学上有着如此高天赋的艺术家竟然连合乎比例的手指都塑造不出来？这哪儿像是一个女神的手啊，怎么看都像是水管工的手！"

对此，艺术史学家奥维蒂欧·巴托里解释道："我们将断臂火速送往巴黎的卢浮宫，将它们与维纳斯的雕塑拼在一起，结果竟然惊人的吻合。随后我们又做了碳元素的测定，确定这是真品。"

对于这个令人震惊的事实，很多人不愿意相信。可既然断臂被找到了，那么要不要将维纳斯复原，历史学家和艺术评论家为此展开了多次辩论。但最终，人们还是无法否认——失去了双臂的"残缺"维纳斯更加完美，甚至有人怀疑，那双手臂就是因为看起来有些畸形，才被作者从维纳斯雕像主体上取下来的。

不管怎么说，失去双臂这件事虽然让维纳斯变得残缺，但也成就了米洛斯的维纳斯。

残缺并不一定都是坏的，反而有可能带来意想不到的好处。在金庸所著的《神雕侠侣》中，年少轻狂的杨过被冲动的郭芙砍下一条手臂，随后遇到独孤求败的宠物"神雕"，在"神雕"的帮助下练就了一身好武艺，成为人人敬仰的大侠。杨过所遭遇的事情，虽然使他身体不再完整，但也给了他成为大侠的机缘巧合。

很多事情，残缺的、不完整的反而让我们念念不忘，比如我们常读的爱情故事。如果让你说出几个印象深刻的爱情故事，喜欢古典文化的人可能会想到梁山伯与祝英台、罗密欧与朱丽叶的故事，喜欢现代言情小说的人可能会想到陈寻与方茴（九夜茴所著小说《匆匆那年》男女主人公）、魏如风与夏如画（九夜茴所著小说《花开半夏》男女主人公）。

这些故事中，主角的年龄、生活的时代、性格、身份背景都不相同，唯一相同的是，他们最后都没能在一起。梁山伯与祝英台双双化蝶、罗密欧与朱丽叶自杀殉情、陈寻与方茴分手、魏如风与夏如画生离死别……

对于喜欢喜剧收尾的人来说，这些故事未免太虐心了。也有人觉得，这样的故事、这样的爱情算不上完美，是残缺的。但我们不可否认，正因为它的"残缺"，我们会深深陷入其中，我们会跟随男女主人公的悲欢离合而触动情感，我们会在合上书本后一次次感伤、缅怀。

虽然我们未曾经历过同样的痛，虽然我们明知以后不会经历这样的痛，可我们还是会毫不犹豫地陷下去。我们甚至觉得作者过分，编出这样伤感的事情来骗取我们的眼泪。

可是，文学作品本身就是为了打动人心。就算故事的结局不完美，就算故事的结局有缺陷，我们可以说作者狠心，却不能否认它是一篇吸引人的优质文学作品。

每个人生来就不是完美的。我们有着各种各样的残缺，性格上的、容貌上的、体型上的……可正是这些残缺让我们变得鲜明。如果人人都是完美的，人人都一模一样，那么我们存在的意义就不见了。

我也不例外，我所有的优点和缺点组成了世人看到的我。虽然有些人喜欢与我相处，有些人看不惯我，但我觉得一切都是最好的安排，每个人都有自己要遇到的缘分，没有谁能够得到全世界的欢心。

写到这里，想到很久前看过的一个故事。

故事的主人公是一个拥有一方土地的国王。虽然这个国家地方不大，人口也不多，但是每个人都过得很快乐，因为他们的国王虽然不喜欢做事，却有一个充满智慧的大臣。

这位大臣的特点之一是充满智慧，特点之二就是积极，所有的事情他都能帮助国王处理好，因为他懂得遇事要看两个层面，不能只揪住坏的一面不放，要多看事情好的一面。

有一次，国王带着一行人外出狩猎。这位保养得当的国王身姿矫健，骑在马上追逐一只花豹。花豹为了保命奋力逃跑，国王在背后紧紧跟随，直到花豹速度降了下来，国王方才弯弓搭箭，对准花豹射了过去。利箭从国王手中不偏不倚地钻进花豹体内，只听花豹一声哀号，身子软软地倒了下去。

得意忘形的国王眼见花豹没有动静了，不等随从跟上来就下马走进花豹。谁知，已经"死"过去的花豹突然张开血盆大口咬向国王。国王大吃一惊，下意识用手去挡，觉得自己完了。此时，随后赶来的随从眼疾手快，抄起弓箭对准花豹射了过去，国王觉得右手手指有些异样，抬头看时，花豹已经躺在地上一动不动，显然这次是真的死了。

随从急忙跑到国王跟前，忙不迭询问国王的伤势，国王抬起右手，才发现半根小指不见了，御医连忙上前处理伤口。伤势并不算严重，但花豹严重影响了国王狩猎的心情，而这件事又不能怪别人，国王心里闷闷不乐，带着一行人离开了。

回宫后，国王越想越生气，就找大臣来诉诉苦、谈谈心。这位大臣听完后，并没有安慰国王，而是举杯祝贺国王："大王，少了一块肉总好过丢了命吧！这都是最好的安排。"

国王听到大臣这样说，积攒的怨气有了出气口，他把怨气一股脑算在了大臣头上，怒气冲冲地说："我手指都残缺了，你还说是什么最好的安排。"面对火冒三丈的国王，大臣始终面带微笑，重复道："这就是最好的安排。"

愤怒的国王决定处决大臣，但在侍卫带大臣离开的那一刻，国王改变了主意，只是将大臣关进了监狱。过了一段时间，国王的伤已经痊愈，此时的国王早已好了伤疤忘了痛，心又飞到宫外了。他想微服私访，却又不愿意释放大臣，于是咬咬牙，自己一个人微服私访去了。

一路漫无目的地游荡，国王走到一个偏僻的丛林，被当地的原始部落掠劫走了。此时国王才想起,当天是月圆之夜,原始部落的人会下山寻找满月女神的祭祀品。国王觉得自己这次真的完了,想对原始部落的人说自己是国王,但被塞了破布的嘴巴呜呜呀呀的,说不出一句完整的话。

就在国王即将被扔进锅里做祭祀品时,大祭司发现国王少了半截手指。在这场祭祀中,祭祀品可以丑、可以黑、可以矮,唯独不能是残缺的。于是,国王在大祭司的咒骂声中,被原始部落驱逐出领地。

逃过一劫的国王飞奔回宫,马上派人放了大臣,并设宴庆祝自己逃过一劫,同时庆祝大臣重获自由。此时的国王终于承认手指少了一截是"最好的安排",可又有些不解地问道:"我因为少了一截手指而保全一命,这可以称得上是最好的安排。但你也因此在监狱中度过了一段时光,这难道能称之为最好的安排?"

大臣饮下一口酒后说道:"这是自然。如果不是我被关在牢中,那么和您一起去的人必然是我,祭祀满月女神的祭祀品也会是我,所以我因为身处监狱而逃过一劫。"

生活中的缺陷不一定与我们的生命息息相关,但每一个缺陷的背后都有其深意。

缺陷亦是一种美丽。我们练习走路时常常会摔倒,这是一种缺陷,但也正是这种缺陷才让我们学会走路,让我们更加坚定。

无论是缺陷也好,优点也好,每个人都不是完美的,每个人也都不一样,活出自己的色彩,即便是你认为的缺陷,也有可能成为人生的闪光点。

Part 3 努力成为自己的英雄

机会，是你自己创造出来的

每个人的起点都不一样，看到的未来也就不一样，但这并不意味着起点高的人可以在原地等待成功找上门来。

毕竟，站在原地等待机会"砸到脑袋"的人往往得不到机会。那些在外人眼里能够"轻而易举"获得机会和成功的人，其实背地里都偷偷付出了很多。

我有一个做销售的朋友，她叫小杜。小杜虽然不是独生女，但所受的宠爱一点都不比独生女少，父母将近40岁时才生下了她，家里年长她十几岁的哥哥也对她呵护备至。从小到大，小杜一直过着无忧无虑的生活。

刚刚走出大学校园的时候，小杜找到的第一份工作是文员。当时小杜只是个稚气未脱的小女孩，每天只知道打扮自己，有空的时候叫上姐妹们去逛逛街、做个发型、做个美甲，似乎从来没有遇到过什么问题。

只是,小杜看似平淡无奇、安逸享受的生活,其实并没有外人看到的那么好。偶尔,小杜也会找我抱怨,说老板不好,天天要求他们加班;说老板总是故意找碴儿,嫌弃她工作做得不够好、会议记录整理得不好……也有那么一两次,她说过要换工作,但最终还是因为"工作轻松"以及"双休制度"这两块巨大的"蛋糕"而不了了之。

有些人的成长速度在某一阶段是惊人的,就像我们所说的"一夜长大",小杜就属于这类人。走出校门后第一次回家过年,小杜向父亲抱怨了工作的种种不快,但小杜的人生也由此改写。

小杜父亲的学历其实并不高,但年纪大了,阅历摆在那里,就算做不到出口成章,但这种思想教育工作自然不在话下。面对小杜近一个小时的抱怨,老父亲愣是一句话都没有说,直到小杜把单位所有的人都说了个遍、把所有的事都埋怨了一通,老父亲才幽幽开口:"在你眼中,是不是除了你以外,所有人都一文不值?"

听到父亲这样说,小杜张张嘴,也没说出个所以然来。老父亲看到小杜的样子,知道小杜其实也默许了他的说法,于是继续说道:"你觉得别人一文不值,那你自己在别人眼里又有多大的价值?"

小杜看着父亲,嘟囔了一句:"我怎么也是名牌大学毕业的,他们那些三流大学毕业的人怎么能跟我比?"嘴上这么说，但小杜的声音却越来越小，很明显，她有些心虚，因为她感觉到父亲似乎有些不高兴。

"不管你是不是名牌大学毕业，也不管你的同事来自哪一所大学，但是，你们既然能够在同一个公司工作，能够担任同样级别的职位，就证明你们的价值是一样的。"老父亲意味深长地说道。

看到小杜若有所思，老父亲继续说："你小时候学《伤仲永》这篇课文时，还拿着书来告诉我，方仲永的父母真的太'傻'了，怎么你现在也变成了'方仲永的父母'？你的起点或许比一些同事高，但这并不意味着你就可以不努力。当你在原地踏步的时候，后边的同事即使走得很慢，也会有超过你的时候，这只是时间早晚的问题。"

听到父亲这么说，小杜还是有些不甘心，悄悄说了句："起点怎么不重要，跟我一起入职的研究生都已经升职了，而我还是小职员……"

老父亲的耳朵相当灵敏，小杜这些碎碎念全被老父亲的耳朵接收了。老父亲叹了口气，对小杜说："你只看到了他们的学历，那我问你他们工作时是不是比你努力？是不是比你认真？是不是每一件事都能做好？是不是很少受到老板的批评？"

小杜想了想，好像还真是，于是点了点头，算是回答了父亲的问题。

"这就是你们的差距,"老父亲说,"但这个差距并不差在你们的起点上,而差在你们对待机会的态度上。他们珍惜这个工作的机会,对待事情都很认真,按时完成任务,甚至能够达到超出老板预期的结果,这就是老板赏识他们的原因。现在这个社会,学历很重要,但是能力和努力也很重要。就像参加跳水比赛,学历决定了你能不能站在跳板上,而能力和努力决定了你跳水过程中能不能做好动作,以优美的姿势入水,最终获得高分。"

说到这里,小杜若有所思地点点头。老父亲则继续讲故事:"或者再换一种说法,你要去山顶采果子,但你走到半山腰累了,你就想着'好累啊,我为什么不休息一下?'于是你停在了原地休息。一段时间过去了,原本就在你之前的人已经拿到了果子,正在山顶上享受美味,而原本被你甩在身后的人也渐渐超过了你,向着山顶走去。这时候你想着'为什么我要爬上去呢?等着果子掉下来不是更好',于是你放心大胆地在原地安营扎寨。又过了一段时间,跟你一同前往山顶的人已经享受到了果子,打算离开了,可你还在山腰等果子掉下来……"

"这个果子就是机会,需要自己亲自去找、亲手去拿,否则就只能守着那一亩三分地。"故事讲到这里,小杜抢先说出了父亲想说的话。

"对,就是这个道理,你明白就好。"说完,老父亲离开客厅，去厨房和老伴一起准备午饭了，只留下小杜静静地咀嚼父亲的话。

那年年假结束以后，小杜回到单位的第一件事就是辞职。让小杜惊讶的是，一向"看不惯她"的老板居然主动祝她找到更好的工作，周围的同事也送上了祝福。

就这样，在众人的祝福中，小杜离开了自己人生中的第一个工作岗位。

在陌生人面前性格有些内向的小杜决定挑战自己，找一份关于销售的工作。重新走进人才市场的小杜有一瞬间的慌乱，但很快调整了心态。

一个星期后，小杜成为一名房地产销售人员。小杜的选择可以说是从零开始，她之前对房地产行业一窍不通，但是她想清楚了，不会就去学，不懂就去问，机会是自己创造的，不是别人给的。

最初的那段时间，小杜把所有的时间都用在了熟悉工作上，她还常常与父亲通电话，在父亲身上练习应该怎么和客户对话，怎样才能巧妙地向客户介绍产品。

那段时间，小杜是单位里上班最早、下班最晚的员工。有一次，我给她打电话，邀请她参加聚会，她语气匆忙地跟我说："哥，我要累死了，穿着高跟鞋站了一天，腿都要断了。不跟你说了，我这边还有客户来看房……"说完，小杜匆匆挂断了电话。

小杜的努力没有白费。一年后，她已经成为部门的销售冠军。这时候她终于有时间参加我们的聚会。那天我们聊到了她刚刚成为房地产销售时的光景，她说："我当时真的就像无头苍蝇一样，不知道该怎么办，不知道该怎么说话，更要命的是我看见陌生人还会很紧张。那段时间我就拼命地练，不怕人家嫌我麻烦，不停地说。一来二去，我终于打动了第一个客户，签单的时候，我的心都快跳出来了。从那以后，我觉得没有什么能难得住我了。"

又过了一年，小杜成为部门经理，带领一帮人打拼。

这世界上总有人比你更努力，一旦你原地踏步，等待机会到来，就很有可能被人超越，甚至被人席卷着、推搡着，被挤到看不到的角落。

要知道，机会这种东西不见得一直存在，必要的时候需要我们自己创造。

别回头,你的身后只有困兽

该断不断,反受其乱。我个人非常认同这句话,所以我一旦做出决定,很少会选择回头。有时候即便已经后悔了,还是会偏执地走下去。

值得庆幸的是,我的偏执从来没有把我带到绝路上。

事实上,很多人之所以走到绝路上,并不是因为所谓的"选择失误",而是因为没有信心和勇气走下去。如果你是一个即将出战的将军,可是你对自己根本没有信心,还没走上战场腿就软了,想转身离开,那么这场战争,必输无疑。

我从来不让自己走回头路,是因为我知道,一旦踏出了这一步,就不能回头——身后有困兽,随时会让你万劫不复。

我朋友的表弟于波,在高考时就被心中的困兽打败了。

事情是这样的。从小到大,于波的学习成绩其实并不太好，但家长都是望子成龙、望女成凤的，即便于波不喜欢读书，也还是得踏踏实实坐在教室里听老师讲课。怎么说呢，于波除了学习成绩不理想之外，并没有其他的"过错"，无论在家里还是在学校，他都是很乖的孩子。

事事听从父母和老师安排的孩子，其实是没有什么主见的，而且极易被人蛊惑，于波也不例外。高考前，不知道于波是因为从哪里听说了一些所谓的"好专业"，还是因为本身就不怎么喜欢学习，总之，他执意要到外地学习机械制造专业。

于波的父母都是教师，他们自然希望他能够子承父业，也成为一名教师。即便不是教师，也可以是文员、律师什么的。总之于波的父母不希望他和机械打一辈子交道，所以坚决反对。

说来也奇怪，一向听话的于波突然变得很倔强，执意要去外地学机械制造，于波的父母轮番上阵，对于波进行思想教育工作，但于波全然不为所动。那一年的开学季，于波如愿以偿来到了他心仪的学校。

但很快，于波就发现自己的一腔热血可能洒在冰面上了。机械制造专业没有自己想象得那么简单，原本于波以为自己动手能力强，学好机械制造不在话下，但他完全没有想到这个专业会这么累。于波从小养尊处优，父母为了让他好好学习，连衣服都不让他洗，更别说做其他家务了。于波入学不到两个月就打起了退堂鼓，心想："这样的苦差事可能真的不太适合自己。"

和父母通了电话后，于波向学校提出了退学申请，回到家中重拾书本。可能是在外地的学校吃过苦，见识了工薪阶层的不容易，于是于波复读的时候格外努力，成绩略有提高，从中下上升到中上。第二年的高考大军里，再一次出现了于波的身影，这一次于波的父母如愿以偿，将他送到了省城的师范大学，主修地理专业。

于波四年的大学生涯过得还算滋润，成绩一直保持在不高不低的状态。但问题并没有远离于波，临近毕业的时候，于波面临着两个选择。一边是家里忙上忙下托关系，希望于波能稳定下来，甚至不惜让他回到当地的县城历练一段时间，一年后再回到市里；另一边是学校组织的招聘会，来自省城及其他市区的学校来学校招聘。

于波本来打算参加招聘会，但是家里一直给他施加压力："这边的工作已经说好了，只要你去县里历练一年，就能调回市里，你要是去参加招聘会，指不定被什么地方招走呢！万一再找不到工作，这边的岗位不可能给你一直留着。"

结合第一次高考的"失误"，于波觉得自己或许真的会再一次选择错误，于是听从了父母的安排，回到了家乡的县城顺利成为一名地理教师。

然而故事并没有向着于波父母想象中的结局发展。于波回到家乡的一个星期后，招聘会如期举行，那段时间省城的地理老师成了"紧俏货"，许多学校都是前来招聘地理老师的，许多比于波成绩还差的同学都找到了好工作——至少比于波要好。

远在家乡的于波虽然错过了这次招聘会，但是还是在班级的QQ群里看到了大家找到工作的消息。于波的内心再一次不淡定了，一想到自己还在县城"吃苦受罪"，大家却都留在了省城，于波的内心就无法平静。

年轻气盛的我们，做事都不考虑后果，于波更是如此。原本应该去实习的于波，在没有与学校、家长、单位三方面联系的情况下，独自跑去旅游了……事情过去一个月后，单位给学校打来电话，询问前来实习的学生怎么还不来报到，这才让事情浮出水面。

于波的父母自然是惊讶的，他们几乎每天都和于波通电话，但于波压根没提起这回事。眼看着实习这件事会影响到自己能否毕业，于波也慌了手脚，忙让家里找关系。家里先是找了于波单位的上级，但上级表示，于波还没有正式报到，不能算是单位的人，这件事不归他管。

万般无奈下，于波联系了自己的导员和系主任，可于波的导员和系主任都在为他没有去报到的事情生气。这件事不仅关系到于波的工作，更关系到学校的名誉——学生参加实习时态度不好，外人不会说学生不好，一定会说学校没有教育好。

于波和父母一起好说歹说，学校总算是让于波顺利毕业了。毕业后的于波也算是长教训了，一直安安分分，再没有之前那么叛逆了。不过经过于波的"逃跑"一事，很多学校都不愿意接收他，他只能找了个文员的工作。

回过头来看，当初和于波一同学习机械制造的同学，虽然毕业后工作稍微辛苦点，可是工资不低，也算是回报与付出成正比了。于波在师范的同学也都过得比于波好，无论是工作岗位还是工资都比于波高。

每个人的追求不一样，或许工作轻松和工资高低并不足以界定一个人过得是不是好，但关键是于波并不喜欢他的工作，每天都是浑浑噩噩的。我总觉得他随时有可能被老板辞掉……

我的想法果然没有错，于波参加工作一个月后就被老板辞退了。朋友跟我谈起于波时，不停地叹气，不住地说可惜了，怎么走到这一步了。我点根烟，陪他一起叹气。临走的时候，他说了一句："唉，人各有命，现在这结果也是于波自己造成的。"

是啊，于波人生的每一步都是自己的选择，路上是苦是甜也应该由他自己承担。我有时候在想，如果于波当初能够认定自己的念头，能够坚持自己的想法，是不是能够过得比现在好？至少，他是不是能过得快乐一点？

我并没有预知未来的能力，也没有改变过去的能力，所以我也不能给自己一个答案。但我知道，在某些事情上，一旦我们做出选择了，不管我们最初的动机是什么，都应该义无反顾走下去。

也许路上有荆棘，也许路上很坎坷，也许路上有悬崖，也许路上有湍急的河流，也许路上已经有很多前辈留下的"尸骸"……但这些都不足以也不应该使我们放弃自己的选择。

所以，年轻人，别轻易回头，你的身后有头兽。它正张着血盆大口，等待着把你席卷其中……

远方，并不意味着有诗

很多人被这句话感动了：生活不止眼前的苟且，还有诗和远方的田野。

这句话出自歌手许巍演唱的歌曲《生活不止眼前的苟且》，作词和作曲者均为高晓松。这首歌推出的时候，很多70后、80后都热泪盈眶。尽管有人抨击这首歌是在"消费大众情怀"，但不可否认，这首歌的确唱出了很多人的心声。

我今天要说的是，生活确实有诗和远方的田野，但远方并不意味着有诗。

很多人都热爱旅游，我也是。但我热爱旅游的原因不仅是因为向往某处的景色，更多的是对未知的探索，以及对旅途中故事的渴望。

有一段时间，那时候我刚刚成为一名编辑，常常觉得自己写稿子时没有灵感，不知道应该写些什么。某次忍不住在父亲面前抱怨了几句，父亲听完我的抱怨，说道："写文章这件事情需要的是人生阅历，你需要多听别人的故事。空下来的时候可以坐着绿皮火车出去，到处去听、去感受别人的故事，去充实自己的人生。"

是啊，旅途的确能够让我们看到很多，但并不意味着每一段旅程都是美好的。关于人性的、关于地域的；好的、坏的；甜的、苦的……所有的片段支撑起了我们的旅途。

还记得几年前自己一个人跑去泰山看日出。去泰山是我高一时就产生了的念头，当时我恰巧读了徐志摩所写的《泰山日出》，其中有几段描述泰山日出的句子："果然，我们初起时，天还暗沉沉的，西方是一片的铁青，东方微有些白意，宇宙只是——如用旧词形容——一体莽莽苍苍的。但是我一面感觉劲烈的晓寒，一面睡眼不曾十分醒豁时约略的印象。等到留心回览时，我不由得大声地狂叫——因为眼前只是一个见所未见的境界……云海也活了；眠熟了兽形的涛澜，又回复了伟大的呼啸，昂头摇尾地向着我们朝露染青馒形的小岛冲洗，激起了四岸的水沫浪花，震荡着这生命的浮礁，似在报告光明与欢欣之临在……"

这些句子让我对泰山的日出产生了向往，且一直延续了很多年，不过忙于学业的我一直没有机会前往。直到读大学后，才算是有了一点自己的时间。大二那年我便独自一人开始了逐梦之旅。

想象中，泰山之旅应该是极其美好的，那里鸟语花香、山林茂密，淡淡的薄雾笼罩在泰山山腰，为泰山蒙上了神秘的面纱，十足的人间仙境……但恰如很多人说的"看景不如听景，听景不如想景"，当我踏上泰山，我才知道这句话多么正确。

这场旅行的不愉快其实是从火车上开始的。身为穷学生的我只能买坐票，火车行进时发出的噪声以及周边小孩的喧闹让我心生烦闷，还好当时有一个哥们儿一直陪我聊天打发时光，让我觉得索然无味的旅途有了丝毫的乐趣。

就叫这个哥们儿于哥吧。于哥比我大七八岁，也是很早之前就想去泰山旅游，但之前一直忙于工作，没时间去。聊了许久我才知道，于哥出行前不久刚刚离婚，他和妻子因为感情不和过不下去了，走到了离婚这一步。

离婚后，于哥一直在想当初对美好未来的憧憬，只可惜事与愿违。于哥说："那种感觉就像是沙漠中的人看到了海市蜃楼，抱着万分期望奔向美好未来，走到跟前才发现原来自己一直被困在沙漠中。"

听于哥这样说，我也不知道该怎么接话，毕竟我不懂婚姻，只能附和着点点头。接下来就是长久的沉默，所幸火车很快就到站了，这种尴尬的氛围的确让我受不了。

到达泰安的时候是下午，我和于哥在泰安火车站稍做休息就前往泰山景区了。

登泰山的时候我心中只有一个念头,那就是累。我一边走一边发誓以后再也不去山区旅游了,路上只顾着累了,哪有心情看沿路的风景。于哥想来也没有多轻松,脑门上渗出密密麻麻的汗珠,大口大口喘着粗气。我们一路走走停停,登上峰顶消耗了将近4个小时。

站在山顶上的那一刻,我突然觉得,似乎登山也是件很美好的事情。看着远处层层叠叠的山峰站在自己的脚下,心中不免升腾起小小的征服感。

于哥站在我左边,问我:"怎么样,这次旅行没有你想象中那么糟糕吧?"

我看着于哥,也大口大口喘着粗气,对他点点头,说:"还真是,感觉蛮自豪的,这么多座高山被我踩在脚下,心中满满的自豪感和征服感。"

于哥说:"其实旅行不就是这样嘛,当你没有到达目的地的时候,一路遇到的可能都是不好的事情,但当你到达目的地,你就找到了属于你的诗情画意。"

我和于哥相视一笑,转头看远处的风景。不过事实证明,我们还没有找到所说的诗情画意。

在几年前,互联网还没有那么发达,我们也压根没有寻找所谓的"旅游攻略",全凭着一腔热血来到了泰山。等待日出的晚上,我们两个人不约而同傻了眼——山顶的温度就像北方的寒夜,冻得我和于哥瑟瑟发抖,我们不得不花了些钱租了军大衣。

我和于哥裹着军大衣,坐着小马扎,混迹在一群同样穿着军大衣的人群中。看到这场景,我莫名想到了科教片里关于企鹅过冬的场景——一只只可爱的企鹅依偎在一起,相互用身子给对方取暖,过一会儿,最外层的企鹅挪到里层,里层的挪到外层……它们一直保持这种状态,直到度过冬季。原来在大自然面前,人和动物是如此相似。

在泰山山顶等日出的那一天,是我这辈子都无法忘记的。头一天晚上,我经历了有生以来最狼狈的一宿,第二天早上,在我的人生中第一次感受到了震撼。

凌晨时分,天空呈现出鱼肚白,太阳费力地从云层中露出脸,一点点、一点点……最终整个跳出来。其实日出时太阳的颜色与日落时分差不多,都是红彤彤的,但是日落时分有一种悲壮的美,就像是某些东西走到尽头,拼命想留下什么,却还是被时间带走了。日出就像是初生的婴儿,拼尽全力来到这个世界,只为了给这世界留下一些痕迹。

看完日出下山时,于哥跟我说,他想辞职了。几十年如一日听家人安排,包括结婚也是家人安排的,他想过自己的生活,就像刚才的太阳一样,用自己的力量攀登人生的高峰。

旅行是一件很累人的事情,中途不停变换交通工具,走走停停,在旅途中也许会遇到一些让我们分外介意的事情,但旅行的根本目的不是找到一个最好的地方，而是找到更好的自己。或许我们不会像修行者一样，在旅途中大彻大悟，但至少我们能够丰富自己的生命，让生命的浩瀚天空多几颗闪闪发光的星星。

人生的道路同样也会让人感到劳累、感到痛苦，即便我们再怎么幻想美好未来，总会发现，我们的想象与现实永远有那么一点点差距。就像旅途的乐趣来自所有好的不好的回忆一样，人生正因为有残缺和不完美才更有意义，这就是人生的乐趣。

或许，你所眺望的远方并不一定意味着有诗，但总有那么一个或两个值得你前往的理由。

如果有，那便足够了。

人生没有白走的路

回首三十年的人生历程，算不上长，却也不短。

人生中能有几个十年，更何况是三十年？有时候觉得自己人生中的每一步都走得举步维艰，但留下的一串脚印提醒了我，人生没有白走的路。

还记得当初刚到这座城市时，孤零零的我走在大街上，风吹起落叶，像极了漂泊在外的流浪汉。那一年的生日，没有父母买的生日蛋糕，没有朋友们的举杯庆祝，只剩下我一个人对着空气自酌。

那一刻，前所未有的孤独感侵袭了我的心脏，那是从小到大从来没有过的感觉。好不容易飞出了父母给的"牢笼"，我却有些怀念"牢笼"的温暖。很久以后我才知道，那是我们所谓的长大——长大之前我们渴望自由飞翔，长大以后却又渴望回归"牢笼"。

也许我们所说的"长大",原本就是一个有得到,也必然有所失去的过程。好在,得到的永远比失去的多,不然我还真的有点惧怕这样的成长了。

相信很多人跟我一样,都是在经历了一系列的事情后才开始成长,才变得成熟,才成就了今天的自己。这也变相证明了,人生旅途中每一次抬脚、落脚,都是有意义的。

说说朋友蓝天的事吧!蓝天是我们当地的高才生,不负众望考上了清华大学。大学毕业后,蓝天留在了北京。

自那以后,朋友聚会上很少看到蓝天的身影,即便来了也是匆匆喝杯酒就走了,我跟他根本说不上话。为了这件事,我们这些一起长大的朋友老是说,蓝天长出息了,在北京混得好,都没空理咱们了,也不怕把自己累着。

这话听起来可能有些"吃不到葡萄说葡萄酸"的意味,但毕竟一起长大的情分在,大家嘴上说不理蓝天,心里却很担心蓝天这么忙会把自己累坏了。这就是从小建立的友谊和社会上建立的友谊之间的区别,长大后我们很少能交到真心的朋友了。

话题扯远了,接着说蓝天。那个时候,我觉得蓝天属于"找到了天堂"的那种状态。

但是年前我终于见到他,而且他也有时间陪我们聊天时,我才知道,蓝天并没有我们想象中过得那么好。他所获得的一切,都是自己一步一个脚印争取的。

虽然蓝天是我们眼中的高才生，但他刚毕业的时候，也要一个人租住北京的地下室。每次给家里打电话，都不敢跟父母说自己过得不好，更不愿意向父母要钱。实习的工资实在少得可怜，为了能在北京站稳脚跟，蓝天不得不打两份工，利用晚上的时间做些兼职。

工作第一年的春节，蓝天压根没回老家，怪不得当时聚会他没有到场。当时蓝天的公司正在赶一个策划案，大家都没有放假，蓝天作为实习生也不好意思请假。再加上春节期间有三倍工资，想想家里的房子需要翻新了，蓝天咬咬牙决定留下来加班。

正月十四那天，蓝天原本可以回家过元宵节的，但是为他介绍兼职的人给了他一个活儿，希望蓝天能够尽快赶出来。故事的结果可能有些俗套，但蓝天叙述时多多少少透露着无奈，他为了那笔钱没回老家。

第一次在外过年，蓝天当时的心情可能要比我第一次自己过生日更难过。"但没办法，生活所迫嘛"，今天再谈起这件事，蓝天也会跟我们开玩笑。但我知道，这句玩笑话背后有多少的辛酸和泪水。

并不是上天总会眷顾努力的人，而是努力的人能够找到上天留下的"眷顾"和机会。蓝天参加工作半年后就升职了，成为小组主管。

升职后的蓝天工作更忙了，但是却没有放下手中的兼职，时不时还是会赚些外快。工资提升了，蓝天也从地下室搬了出来，跟别人合租了三室两厅的房间。

蓝天租住了背阴且面积最小的那间屋子。"你不知道，这样租金能够便宜好几百呢！"谈到租房时，蓝天说道。很多人可能会嘲笑蓝天小气，但我知道，蓝天是为了省下钱给家里的父母。

又过了半年，蓝天的工作能力越来越强，很多同事都觉得蓝天会成为部门主管了，但蓝天突然说要去考研。这并不是公司安排的，而是蓝天自己的意愿，有同事开始劝他，事业上升期去考研，等你毕业回来，工作岗位早就没了。

虽然很多人都不看好，但是蓝天还是去做了。也不知道他是怎么在那么短的时间内，把毕业时丢掉的书本重新拾起来的，总之他很顺利地考上了清华大学管理学专业。后来我才知道，原来他在工作期间一直没有丢掉书本，还自学了很多东西。

入学后，虽然当时蓝天手头已经有些积蓄了，但还是坚持半工半读，用他的话来说就是："我不能脱离社会……"

三年时间很快过去，蓝天也顺利拿到了清华大学管理硕士学位。再入职场的蓝天有了更高的起点，直接成为一家外企的部门经理。

成为主管的蓝天始终保持着当初的干劲、认真和努力，正是这些品质支撑着他，让他在以后的人生道路上顺风顺水。入职两年后，外企管理层发生人事变动，华北地区的区域经理一职成了很多人眼中的"唐僧肉"。

蓝天和同公司的前辈张哥是最有可能胜任华北地区区域经理一职的人选。张哥比蓝天大一两岁，工作能力与蓝天不分伯仲，蓝天所在单位的很多员工都在私下猜测谁会成为区域经理。

结果出来的时候有一半员工感到惊讶，因为中选的是蓝天，而不是张哥。

蓝天之所以能够胜出，是因为总公司对蓝天和张哥两个人的综合实力进行了考察。张哥的学位止步于学士，而蓝天是硕士，且蓝天还年轻，总公司认为蓝天的潜力更大一些。

蓝天两年前在自己身上埋下的金子，终于在两年后大放异彩，这件事甚至出乎蓝天的意料。他当初求学不过是想要多了解一些知识，谁承想竟成为决定他职业生涯的关键因素。

现在蓝天还是很少有时间跟我们联系，他忙，我们都知道。很难想象，如果没有当初蓝天执意要去考研这件事，今天的他是不是能够走到这一步。

但我想，蓝天其实并不在意当初考研是不是会决定他能成为区域经理。在他求学期间，他所看到的风景，所经历的甜蜜与辛酸，所消耗的时光……这些都是无法用金钱和权力去衡量的。

人生向来没有白走的路，也没有白做的事情，无论是看似无关紧要的小事，还是看似影响一生的大事，其实都是成长道路上必须经历的一环。即便是我们生命中的插曲，也有其必然存在的意义，所以我们没有必要去抱怨自己走错了路。

条条大路通罗马，你有时间和精力抱怨、后悔，为什么不另辟蹊径，重新找一条新的道路呢？走错一段路，也是为了能够找到更好的道路。只有经历过所谓的错，才知道什么是对，才能有更大的勇气直面未来，直面人生中的苟且与不堪。

能够承受生命之痛，才能够享受生命的美好。

请记住，披荆斩棘也好，被石子硌到了脚也好，跌落陷阱也好……我们走过的路没有一条是白走的，它总会在你生命中恰当的时刻释放出异样的光彩。

做自己的英雄,不只为了掌声

我们所有的努力都不是为了别人的掌声,而是为了成为自己的英雄。

前段时间认识了一个在国家大剧院工作的男孩,叫郝鹏。刚开始认识的时候,我一直以为他在大学主修的专业是表演或者是导演,至少是与"国家大剧院"这几个字相关的。但熟悉了以后我才知道,他大学的专业是文秘。

我一直以为郝鹏是骗我的,毕竟在我的印象里,很少有男孩子会学文秘这个专业,就像男护士很"罕见"一样。可他说:"哥,你不信的话我给你看我的毕业证,这有什么好骗你的?"听了他的回答,我还是半信半疑,谁知道那次聊天的第二天,他真的拍了张照片给我,他主修的专业的确是文秘。

看到这个结果,我不禁对郝鹏产生了好奇,就问他:

"为什么学文秘专业,最后却来到了国家大剧院工作?"

郝鹏说:"也没有谁规定非得找个对口专业啊!更何况,现在有很多人找工作都不找对口专业啊!"

"那倒是,"我说,"我身边也有不少跨专业工作的朋友,可你的专业和工作跨度有点大啊。"

郝鹏说:"纯粹是个人意愿。我大学读了三年专科,毕业后不知道做什么,就考了专接本,本科毕业后,我还是懵懵懂懂的。刚毕业时做了一段时间房地产销售,但是我觉得自己不适合这份工作,就辞职了。辞职以后,我出来旅游,走了好多地方,体验了之前没有体验过的生活,那感觉真的挺好。后来有人介绍我来国家大剧院,我之前并没有接触过这个,但对我来说也是对未知的挑战,所以我就过来试试。"

"那你在这工作多久了?"我问道。

"也没多久,两三个月吧!"郝鹏回答。

"那感觉有什么收获吗?"我继续问。

"怎么说呢……"郝鹏很认真地回忆这段光景,然后对我说道:"说实话,刚来国家大剧院工作的时候我也有私心。我家是农村的,父母都是面朝黄土背朝天的农民,一辈子只知道种地,不要说国家大剧院了,连北京都没来过。我当时就想,要是我能在这地方工作,有一天我也成名成腕了,能够获得邻居的羡慕,还有那么多陌生人的喜欢,这是一件光宗耀祖的事情啊！所以我没怎么细想就来了。"

说到这里，郝鹏停顿了一下，几秒钟后继续说道："但来这工作后我才知道，事情并不是我想得那么简单。那些能够从'路人甲'熬到主角的人，要么有天赋，要么是专业学过的，有自己的闪光点，而我什么都没有。"

郝鹏不再说话，于是我问道："那你后悔吗？"

郝鹏思索了一会儿，对我说："谈不上后悔吧！虽然和我想象的不一样，但是我的确也收获了很多东西。之前我从来没有做过临时演员，也不太理解作为临时演员的心态。我一直觉得临时演员就是为了出名，但我成为临时演员后才逐渐明白，原来有很多临时演员之所以坚持，是因为心中的梦想。就算闪光灯不会照耀在他们身上，就算在作品里他们不是主角，就算待遇并不够好，但是他们还是愿意为了梦想坚持。"

末了，郝鹏说道："临时演员的坚持不是为了别人的掌声，而是为了超越自己，为了成为自己心中的英雄。"

超越自己，成为自己心中的英雄。很多人都懂这个道理，但能够做到的又有几个？

记得之前看过一些演员拍戏时的画面，刘亦菲在拍摄张纪中版的《神雕侠侣》时，险些被水冲走。我想，她这样的努力其实并不一定能迎来观众的掌声，但当时不到二十岁的她能这样拼，的确让人有些意外。

近几年，关于刘亦菲的负面消息很多，其中最多的莫过于"没演技"。作为一个出道十几年的演员来说，刘亦菲这几年的确没有什么拿得出手的作品，但刚出道的刘亦菲真的是灵气逼人，她饰演的小龙女也很符合我的想象。刘亦菲身上最吸引我的特质还是她够努力、够拼，在这样一个动不动就要替身的年代，像刘亦菲一样自己拍打戏的女演员不算多。

我并不知道刘亦菲这么热衷于拍戏的原因是什么，但我们不得不承认，即便刘亦菲没有赢得所有观众的掌声，但她是自己的英雄。

说到这里，想起老家的一个亲戚，按照辈分我该叫他一声老舅。老舅年轻时在当地也是风云人物。老舅一生读了很多书，可谓满腹经纶，二十多岁时凭自己的能力创办了一家诗社。我小时候在家里见到过老舅为诗社打印的纸片，上面写着"知识卡片"，这四个字也映射了那个知识匮乏的年代，老舅对于知识的渴望。

老舅的事情放在今天，也算是名副其实的"创一代"，但在二三十年前，人们看重的多是温饱问题，追求文化的人少之又少。老舅的诗社也在两年后倒闭了。

没了诗社的老舅就像丢了魂一样，整天埋头读书，家里安排了几次相亲都被老舅婉拒了。老舅就这样自己一个人过了二三十年，但他始终没舍得放下那支笔杆子。

诗社倒闭后,老舅不停地写东西,不断投递出去,每次都像石沉大海,一点涟漪都没有。这些年来很多亲人也都劝老舅,不要那么固执了,好好找个工作、安个家,但老舅始终不为所动,执拗地坚持他的创作。

这一坚持就是二三十年,一直到前两年,老舅所写的文章在当地的报纸上发表了。收到日报社寄来的报纸时,老舅摸着变成铅字的文章,留下了一串眼泪。这行泪不仅是为这篇文章,更是为了自己多年的坚持。

前段时间回老家,我再一次见到了老舅。老舅的年龄越来越大,但精神状态越来越好,或许是那份报纸给他的力量。我悄悄地问过老舅,坚持了这么多年,几乎招致所有人的反对,是不是后悔过?

老舅说:"那些后悔的人,还不是因为当初下决心时不够坚定,一旦下定了决心,哪还有那么多时间和精力考虑后悔。所有人都反对的事情,不见得就是错的;所有人都赞成的事情,也不见得就是对的。关键的因素还是在于你自己怎么想。"

是啊,足以改变我们命运的,从来不是虚无缥缈的机遇,甚至我们所处的环境也不是主要因素,最关键的因素还是我们自己。老舅执意写稿子这件事,虽然没能赢得他人的认可,但至少这件事让老舅很开心,也让老舅很有满足感。这难道还不够吗?

我们决定以什么样的方式面对生活，生活就会以什么样的方式回报我们。人生中有很多东西是我们无力改变的，但不必为了一点点的"与众不同"而自卑，更不必为此感到懊恼。每个人都是独一无二的，也许我们有自己的缺点，但一定也有自己的优势，与其为了某一个缺憾而抱怨，不如把自己的优势发扬光大。

当你跳出这层迷雾时会发现，原来这世间有很多条道路等待着我们，何必活在别人的眼光里，何必为了他人的掌声活着。

当我们内心强大到像阳光一样温暖这世间，那么我们一定能够成为自己的英雄。

Part 4

错过的知己不要
再揪住不放手

为什么只有锦上添花，没有雪中送炭

总觉得这个世界越来越功利。

前不久，我的初中同学们组织了一次同学聚会，组织者号称"把全班学生都叫上了"。我其实不太喜欢喝酒的场合，本来想拒绝的，但听到他说全班学生都到了，我也没好意思开口说不去。

十多年没见，除了常联系的那几个同学，以及几个看着眼熟的，剩下的早已叫不上名字，只能看着对方干瞪眼。好在这种场合不光我一个人"认不清人"，大家都半斤八两，我也不算太另类。

一阵寒暄后，大家落座，准备吃饭。我环视一圈，总觉得少了点什么，但是又说不出来到底哪不对。

酒过三巡，"少了点什么"的感觉早被我抛诸脑后，原本并不陌生的同学们也都打开了话匣子。一群人在包间里扯着嗓子呼来喝去，就像上学时没有老师看着的自习课。

说到自习课，我突然感觉有点清醒。我之前"少了点什么"的感觉并没有错，这些人中确实少了一个人，那是我初中时的同桌。准确地说，是我初中二年级时的同桌。

初中一年级升二年级时，班里座位调动，我和张庆成了同桌。印象中，张庆个子不算太高，身形有些瘦弱，皮肤也有点黑，只是一双眼睛很大，而且炯炯有神，每次笑的时候都能看到他一口白白的牙齿。

同桌之间很容易建立友谊，我也不例外。更何况，男孩子之间是不需要所谓的磨合期的，成为同桌后，我和张庆花了不到一节课的时间成了好朋友。

初二的整个学年，我们两个几乎形影不离。但我和他也没能做多久同桌，初三那年张庆就转学了，而我初中毕业后到外地求学，从此之后我们也就失了联系。

想到这里，我问了问同学聚会的组织者："张庆怎么没来？"

组织者正在和班上的女同学唱歌，醉意朦胧地说了句："他现在在家种地呢，叫他干吗？"

这句话让我彻底清醒了，就因为张庆在家种地，就失去了参加同学聚会的机会。那一刻，我突然觉得有一种压迫感向我席卷而来——这个世界什么时候变得这么功利？

聚会快结束时，我拉着在当地工作的同学，问他关于张庆的消息。他说:"张庆初三转学好像是因为家里出了什么事,转学以后他的成绩一落千丈,毕业后就辍学了。再然后就在家务农,偶尔出去打打零工。可能是前两年打工挣了钱,最近这几年他回到老家养羊呢……"

同学后来好像还说了什么,但我没有听清,而我一想到张庆因为工作与大家相差很远而被同学聚会拒之门外,就感到莫名悲伤,更不知道张庆知道了这件事该有多难受。

这件事情让我联想到了很多。记得几年前看《甄嬛传》时,有一句台词让我印象深刻:"在这宫里,有利用价值的人才能活下去,好好做一个可利用的人,安于被利用,才能利用别人。"

在同学聚会这件事上,似乎与《甄嬛传》的台词很相似。养羊的张庆对于一群有着体面工作、还有不少成为老板的同学而言,真的没有什么利用价值,自然也不会有人贴上来邀请他。

两年前,一个学长跟我说同学聚会的残酷,我还没有感觉,但这一次我真真切切地感受到了其中的真谛。

学长也是在参加了同学聚会后跟我说出这番话的。他说:"我去参加聚会的时候恰好面临失业,原本想着过去看看能不能找同学介绍个工作。即便没人能给我介绍工作,老同学叙叙旧也是好的。到了现场才知道,他们早已经变的不一样了,原本关系要好的同学知道我快要失业以后,跟我寒喧了几句,就围着刚刚开了家公司的同学聊天去了。"

当时我听了以后,心中没有多少触动,只是觉得学长有些"倒霉",遇到了一群不是真心待他的同学。我当时甚至想说,如果是我,一定不会遭遇这种事情。

但这句话我终究没能说出口。原本想的是学长已经很失落了,何必再刺激他,谁知道当初那句话要是说出来,受刺激更大的是我。

参加聚会回来后我就一直在想,为什么这世界变得这么功利,为什么没有雪中送炭,只有锦上添花。是人们变得不善良了,还是社会变得不友善了。

这个问题在我脑海中停留了一个星期,我终于想通了。

学长读书的时候是风云人物,是班里的"学霸",同学们对他或多或少有些崇拜。估计有不少"学渣"把他奉为偶像了,这样一个优质偶像,身边怎么会没有几个小粉丝。而面临失业的学长已经失去了吸引他人崇拜的资本,就像过气的艺人,遭遇冷板凳也是见怪不怪了。

其实这样的事情也算是稀松平常。所有的行业都是这样,在你能力不够时,你苦苦寻求一个机会都很费劲。但当你成为业界中的佼佼者,你身边会出现以前从未出现过的面孔,他们争先恐后地和你攀关系,恨不得因为跟你在同一个餐厅吃过饭,就把自己标榜为你的好朋友。

这样的机会和渠道,就像冒出来的春笋,哪怕你用布遮上它,哪怕用石头压住它,它还是会努力冒出来,即便是另辟蹊径也要让你看到……所以说,当你成为一块锦缎,那么自然有人愿意为你绣上美丽的花朵。如果你只是一块抹布,人们只会避之不及。

这两年有句话很流行:"今天你对我爱搭不理,明天我让你高攀不起。"这句话多多少少有些阿Q的意味,但是我们必须懂得,想要让别人高攀不起不是靠嘴巴说说就可以的,要靠自己的努力才行。

我刚参加工作的时候也遭遇过各种各样的冷板凳,后来也是通过自己一步一步努力才走到了今天。

现在看来,当时的同学已经步入社会,成为社会人,自然也不能免俗。从另外一个角度来看,功利也是把双刃剑,对于有些人来说是不好的,但是对于有些人来说肯定是有用的。不然的话,功利这种事情早就"灭绝"了,怎么还能留存这么长时间。

在功利背后,不正映射了当前时代的游戏规则吗?结果无非两种可能——要么我们成为"人上人",不在乎别人怎么想、怎么做;要么我们在乎别人怎么想、怎么做,然后努力成为"人上人"。

无论我们最终实现了哪种可能,最后成功的、成熟的、获得收获的都是我们自己。

更重要的是,功利也是对你能力的认可。依靠运气获得的成功总会消散在时间中，但你的能力是会随着时间而增长的，这是别人拿不走的，也是时间无法磨灭的。

我们不能决定别人怎么做，却可以决定自己的能力。做自己擅长的事情，拼尽全力做好它，一旦你足够好，你想躲都躲不开铺天盖地的机会。

所以，从这个角度来说功利一点挺好的，人们喜欢锦上添花、不喜欢雪中送炭也挺好的。至少，这样的行为能够给我们带来向上的动力。

记住，别人帮你是情分，不帮也是本分，这世界没有谁欠你，不要总是想着别人能给你雪中送炭。

好好做自己，等待别人锦上添花，要比等待别人雪中送炭更有意义。

友情破裂不一定非要有什么理由

友情破裂其实不一定非要一个理由，可能只是两个人成长的环境变了，心态和想法也随之改变。

当两个人没有共同语言的时候，不再属于同一个世界的时候，彼此间的友情也就随之淡了。

之前看过漫画家喃东尼的一幅漫画，让我感触颇深。漫画的情节大概是这样的：

有两个蛋相遇了、相爱了。它们时常一起沐浴阳光，享受安静的时刻；它们无话不谈，说着自己的理想；它们一起在树叶下躲避风雨；它们一起在大树下憧憬未来；它们觉得能够一直相爱下去……

三个月后，这两个蛋破壳了，一个是小鸟，一个是鳄鱼。跨种族也没能影响它们的感情，它们还是一如既往地甜蜜。

可是,当鳄鱼问小鸟"晚上吃什么"的时候,小鸟叼来的那只又大又肥的虫子让鳄鱼很失望。鳄鱼说:"算了,你自己吃吧!"

渐渐地,它们发现越来越没办法和对方在一起玩耍。

鳄鱼说:"一起来游泳啊!"

小鸟看了看水池,说:"我不会啊!"

它们之间越来越没有共同语言。

鳄鱼说:"我们再也回不去了吗?"

小鸟说:"似乎是的。"

相濡以沫,不如相忘于江湖。

小鸟说:"那么……祝你永远乘风破浪。"

鳄鱼说:"祝你永远晴空万里。"

说完,鳄鱼潜进了水里,小鸟飞向了蓝天。

故事的最后,作者喃东尼写下了一句话:"你看,感情破裂不一定非要什么理由。可能只是因为:岁月在变迁,彼此在成长。"

岁月在变迁,彼此在成长。这句话让多少人感到心酸,但同时又饱含了多少的无奈……

不光是爱情,友情也是一样。我们在长大,但我们的友谊不见得能跟着年岁一直长大，友谊甚至会随着年岁的变化而消失不见。

还记得前段时间遇到了当初一起参加工作的同事——肖刚。那时我们都是刚从大学毕业的小年轻，同样又是公司的新人，打成一片也是理所应当的事情。

对于大学毕业后得到的第一份友谊，我是很重视的，到现在我还很怀念当初的时光。可我也不得不承认，即便我再怎么怀念，我们的友谊却再也回不去了。

我大学毕业做的第一份工作是销售。那个时候我的口才还没有现在这么好，看到陌生人多多少少有些紧张，也拉不下脸对客户说好话。肖刚和我完全不同，他不仅性格开朗、大大咧咧，还很有感染力和幽默感。

如果说有人天生就是销售的料子，我想肖刚一定是其中的一个。可我必然是没有销售天分的孩子，所以在公司待了三个月以后，没有业绩的我被扫地出门了。

那天晚上，肖刚一定要带我去喝酒，说是为我践行，祝我有个好前程。那天晚上，我觉得我好像回到了大学时光，和我的舍友们拿着啤酒瓶，摇摇晃晃地走在大马路上，对着那些在我们背后鸣笛，然后呼啸而过的汽车骂骂咧咧。

第二天早上醒来，我觉得头疼欲裂，想让下铺的哥们儿帮我倒杯水。闭着眼睛喊了许久，我才反应过来我早已经脱离了宿舍，成为城市中的一个孤家寡人。

缓了一会儿以后，我从床上爬了起来，光着脚跑去倒了杯水，然后跑回被窝继续睡觉。

在我重新找工作的那段时间，肖刚一有时间就会来找我喝酒，向我抱怨公司的人都不好相处。我从他嘴里知道，我离开以后又有好多同事离开了，当初一起进公司时坚持到现在的老员工已经所剩无几。

听肖刚这样说，我有些伤感，觉得自己身边的人起起伏伏，变动太大。但仔细想想，人的缘分不就是这样吗？有相遇就会有别离，有别离自然有重聚。

就这样，我和肖刚做了半年的"酒友"，彼此的工作也换了好几个。直到我找到了现在的工作，搬离了所在的小区，而肖刚也因为家庭原因回到了老家，继续做他的销售。

换了新的生活环境，我和肖刚两个人各自在自己的世界开始了忙碌的生活。

自那时起，我们的联系就少了。

我从来没有想过旅游的时候能够遇到多年不见的朋友。然而就像前面说到的，有相遇就会有别离，有别离自然有重聚。我和肖刚以这样独特的方式重聚了。

遇到肖刚的时候，刚从出租车上下来、有点晕车的我正坐在街边的长椅上喘着粗气。

坐下之前，我余光瞥到旁边远远地好像有人走了过来，那个人的身影还蛮眼熟的，但是晕车的我也没来得及多想。

直到一声熟悉的声音在我耳边响起："嘿，哥们儿，是你吗？"

我艰难地抬起头，向我打招呼的人正是肖刚。

惊讶之余，我还是很兴奋的，毕竟能以这样的方式遇见自己多年前的好朋友，这是多大的缘分啊！

肖刚看我脸色不好，问我怎么了。我说晕车，歇会儿就好。

肖刚听了以后"嗯"了一声，然后向远处走了。过了一会儿，肖刚又回来了，手里拿了一瓶矿泉水，递到我面前："要不要喝点水？"

"谢谢！"我接过肖刚递过来的水，对他道谢。

"都是自家兄弟，客气什么。"这么多年不见，肖刚还是一如既往，大大咧咧。

之后，我原本计划一个人的旅行变成了两个人的。肖刚不愧是做销售的，一路上他的嘴巴就没停过，比导游还要能说。

我之所以选择一个人出行，没有报任何旅游团，就是为了安安静静地享受这来之不易的旅行时光。但肖刚不停地说来说去，我既不能打断，也提不起兴趣。因为肖刚的话题大部分都是"前面有个美女"，或者是"这里（景点）不好"。

总之，两天以后我已经受不了喋喋不休的他，于是提前结束了旅行。

  回到家里以后,我觉得自己做得有些过分,原本我和肖刚的关系那么要好,我这样离开是不是对肖刚太不公平了,是不是对我们友谊的一种背叛?这些问题我没有答案,可我知道,我确实不喜欢那样的旅行。

  在我辗转反侧几天以后,我看到了喃东尼的漫画,看完漫画之后,我终于把这件事情想明白了。我和肖刚的友情之所以出现裂痕,不是因为我们不在乎对方了,而是我们的生长环境变化了,我们的习惯也随之变了,我们的共同语言也变得不见了……

  就像那只鳄鱼和那只小鸟。他有他的水底世界,我有我的广阔天空,他不可能达到我的高度,我也无法企及他的深度。所以我们就这样渐行渐远。

  他关心他的花花世界,我在意我的似水流年,我们的交集也越来越少。

  原来不一定非要有争吵,不一定非要有误会,不一定非要发生了什么事情……不一定非要这样那样了,我们的友谊才会消失不见。

  友情破裂不一定非要有什么理由。很可能,它就像瓶子里的水一样,随着时间的流逝而蒸发了。

一辈子的尽头，原来就是毕业

好兄弟一辈子。我想，每个人的青春岁月都说过这句话。

但我们从来没有想过，一辈子的尽头竟然是毕业。就像孙悟空想不到他眼中的"天柱"是如来佛的手指，我们的友谊也无法逃离"毕业"的五指山。

还记得上学时，跟要好的同学偷偷写小纸条，结果纸条完美的抛物线被班主任破坏了，落在了班主任手中，我和那个同学被班主任叫出去罚站。班主任盯着我们的时候，我们站得笔直，班主任的目光一旦挪开，我们便继续刚才的话题。似乎有说不完的话，做不完的梦。

那个时候很喜欢做的一件事情就是，下课一起飞奔出教室，急急忙忙地跑向餐厅，生怕吃不到自己喜欢的食物。

抄作业想必也是每个学生族都会经历的一件事，要么是好学生被抄作业，要么是坏学生抄过作业。有那么几次，我和同桌的答案一模一样,被班主任叫到办公室上了好几个小时的"思想政治课"。

当时我们面对老师的苦口婆心完全不为所动,长大后再想想,哪还有人为你的事情这么上心。

回想起来,总觉得上学时经历的事情还历历在目,但那些同学的相貌,甚至名字在我的记忆里都是模糊的。那些说过要一辈子做兄弟的人,我竟然已经淡忘。

即便是印象很深刻的罚站,我也只记得两个人被罚站,想不起来那个陪我一起站了一下午的少年究竟长什么样子,叫什么名字。

原来,当我们踏出校门,"一辈子"这三个字已经支离破碎了。

在写到这里时,我正在读高中的表妹来找我,向我抱怨她同学变了。

"谁?"我问她。

表妹说:"她是我的初中同学,我们是同一个寝室的,关系特别好,经常在一个被窝睡觉。我们的衣服也经常换着穿,我们的东西都是共用的,从来没有起过争执。初中的时候有一个男生欺负我,她想都不想就冲上去跟那个男生吵起来了。其实我知道她也紧张、也很害怕,但那个男生骂骂咧咧走了以后,她还是笑着对我说,我刚才勇敢吧?"

我说:"你们的关系挺好的,能找到这样为你奋不顾身的朋友也挺好的啊，她哪里变了？"

表妹看着我，有些委屈地说："可是在高中时我和她不是一个学校的，不能像初中一样天天在一起了，只能利用周末的时间见面。"

我说："每个人都需要有自己的空间和人际圈啊！即便是好朋友，即便是最亲密的夫妻，不是也得有自己的空间吗？不是也不能二十四小时腻在一起吗？"

表妹摇摇头，说："可是，我们说过要做一辈子好朋友的，而且彼此只有一个好朋友，她怎么能说话不算数。"

我问表妹："你怎么知道她说话不算数了？"

表妹说："这个周末她找别人玩去了，不能来找我了。这不是背叛了我们的友谊吗？"

我笑笑，对表妹说："这世界上没有什么事情是仅凭说说就能成真的。我们每个人都是一个个体，终将会到达属于自己的地方，过自己的生活，遇见不同的人，走向不同的人生道路。正是这些不同，让我们自己、让我们的世界变得不一样。

"青春终有一天会终结，我们就像四散的蒲公英，将会在属于自己的土地上生根发芽。所以，每个人都需要学会自己一个人生活，一个人看风景，一个人走过人生的旅途。即便是曾经说过要陪你一辈子的人，也不一定能陪你一辈子。

"可你要知道，虽然他可能在属于自己的土地上闪闪发光，这份光芒无法照耀你，但是他留给你的回忆和印记是无法抹去的。你们两个人的存在见证了对方的成长，这还不够吗？"

"可是，"表妹说，"我们说过要一辈子做好朋友的。"

表妹还是不肯绕过这个话题，我只能继续说："还记得你小学时候的玩伴吗？当初你们应该也手拉着手说要一辈子做好朋友吧？但是现在他人呢？你还记得他长什么样子、叫什么名字吗？"

表妹看着我，似乎想说什么反驳，但最终还是摇了摇头，说："不记得了。"

得到表妹的答案后，我接着说："其实道理是一样的，你和小学时候的玩伴不也是答应要一辈子做朋友吗？可现在还不是有了自己新的交际圈，甚至还忘记了对方叫什么、长什么样子。人生本就是如此，有些人，离开了就再也不会回来，你以为的短暂别离很可能意味着永恒。"

表妹听到我说的这些，似懂非懂地点了点头。看着她的样子，我又说了一句："总之你长大以后会懂得，现在没有必要怪罪你的朋友，你们的友谊要是能够经得住考验，也不会因为多了一个人而改变的。"

听完我的话，表妹回房间写作业去了。

表妹走后，我开始陷入沉思，我们究竟是怎么弄丢了在学校获得的友谊呢？

我想到了张爱玲和炎樱。张爱玲和炎樱在年轻时是很好的朋友，两个人比亲生姐妹的关系还要亲密。在张爱玲的好多作品里，都能看到炎樱的身影，可见在张爱玲的青春岁月，炎樱有很大的影响力。

可在动荡的年代，经历过战乱以后，两个女孩的人生经历了不同的转折，她们原本重叠的内心变得渐行渐远，以至于最后老死不相往来。一个在美国，一个在日本，各自度过安逸的人生。

很多人说她们的友情只能"共青春"，却不能"经沧桑"。可事实上，两个人似乎并没有发生性格上的改变，只是经历的事情不一样，两个人之间的思想差距就越来越明显。

当两个人站在同样的位置，那么另一个即使喜欢高高在上，两个人的位置还是一样的。可如果其中一个人跌进了谷底，另一个人依然保持高高在上的状态，那么有隔阂也是必然的。

张爱玲和炎樱之所以走到那一步，最终却和邝文美成为最好的闺密，大概也是因为这个吧！邝文美要比炎樱更懂得张爱玲。

只有在同一片土地上成长的大树才能够"根相交、叶相握"，人或许也是如此。

我们这一辈子，不只是上学时会经历"毕业"，从一个公司跳槽到另一个公司也属于工作上的"毕业"。

在友情的世界里，只要你从某个人的生命里"毕业"了，从他的圈子里跳出来了，那么当初信誓旦旦的"一辈子"多半也会定格在那一刻了。

年少时的朋友，只适合怀念

常常想问身边的人，年少时一起翻墙爬树的朋友都去哪儿了？

发小是人一生中最美好的回忆之一，我也有很多值得怀念的回忆。

我小时候属于比较文静的孩子，翻墙、爬树这些比较危险的活动我都不会参加。我父母其实也不喜欢我翻墙、爬树，一来不安全，二来容易弄坏、弄脏身上的衣服。在父母的耳提面命下，我一直很乖巧。

直到后来遇到雷子，我才变得不一样了。雷子比我大一岁，在他八岁时和父母一起搬到了我家隔壁。雷子是翻墙、爬树的一把好手，这一点我很是羡慕。

我从来没有想过翻墙、爬树是这么简单的事情，跟雷子在一起玩了一个星期，我也像个猴子一样在树上窜来窜去。

现在想起当时的场景，还觉得十分好笑。

我还记得我们偷偷从家里拿鸡蛋出来，在门外的空地上挖个坑烧鸡蛋；我还记得我们一起爬上隔壁张伯伯的围墙，偷偷摘张伯伯家的大枣，被树上的虫子咬了一手包；我还记得我们用硬纸片叠的玩具；我还记得我们一起放风筝……

这样快乐的日子过了两年，雷子又搬家了，我就再也没遇见过他。每个人都有怀旧心理，有些人喜欢把自己小时候的玩具收起来，等到长大了再去翻阅曾经的记忆。

我一直很怀念当时我和雷子的友情。我想，如果有一天我们再见面，一定也是好久不见但还是有聊不完的话题。至少，我们之间不会是陌生的。

可能我运气比较好，总能够心想事成，在和雷子阔别将近二十年后，我又遇到了他。小学的同学不知道从哪里找来了雷子的QQ号，把他加进了我们班级的QQ群。

近二十年不见，雷子早已不是印象中的那个小男孩，而我也变了好多，可我还是要了雷子的手机号，打算叫他出来一起喝酒。

这次见面，让我彻底改变了原本的想法。

我以为，即便我和雷子许多年没见，但年少的友谊在，我们之间不至于有太大的鸿沟。

可当我说这段时间在看三毛的作品时，他以为我说的是动画片，他说他知道。可我却不知道了，这还是不是我曾经认识的雷子。那个能够和我谈天说地的雷子去哪儿了?

后来我明白了,是我忽略了,我和雷子在不同的朋友圈长大,在不同的领域发展,我们之间的距离早已经无法丈量。

想到之前一个女性朋友给我讲的故事。那个朋友,就叫她天天吧。

天天初中的时候有一个很要好的女性朋友,两个人不仅是同班同学,还是同寝室的。小女孩之间的友情,自然是无话不谈,常常在一个被窝里睡觉。

两个人就这样手拉手走过了初中三年。中考以后,两个人考上了同一所高中,但不是一个班的,也不在同一个寝室。

刚刚升入高中的天天几乎每天都会去找朋友玩,可是渐渐地,天天发现朋友已经有了新的朋友圈。后来天天找朋友的次数就越来越少,她也在班里发展了自己的朋友圈。

可天天和她的朋友都知道,只要对方有事情需要帮忙,自己还是会去帮的。虽然天天不是每天都和朋友联系,但两个人还是经常在一起玩。就这样,高中三年过去了。

高考时,天天考上了二本院校,而朋友却落榜了,只能外出打工。忙于学业的天天和忙于工作的朋友联系越来越少。

天天读大二的时候,几乎已经不和朋友联系了。时间就这么一天天过去,天天大四参加实习的时候,朋友突然发消息说要结婚了,让天天去参加婚礼。

天天很为难,朋友的婚期是周三,虽然天天很想参加朋友的婚礼,但自己刚参加工作,不好请假。天天跟上司说了很多好话,还是没能请到假。

天天十分抱歉地给朋友打电话,告诉她自己不能参加婚礼了,上司不给假。哪知,天天的朋友说:"工作这么不自由啊,不行辞了吧!反正我一辈子就结这一次婚,你看着办!"

天天还想解释什么,但朋友已经挂断了电话。天天望着手机发呆,直到同事叫了她好多遍才反应过来。

天天最终还是没能参加朋友的婚礼,这份工作来之不易,怎么可能那么轻易放弃。可天天的朋友自此之后就不理天天了。

前不久,天天通过一个同学知道朋友生了二胎。天天得知消息的时候很惊讶,那个同学和朋友的关系并没有那么好,但是朋友生了二胎这件事还要通过人家才知道。天天甚至不知道朋友什么时候生了一胎。

后来天天给我打电话,说:"哥,你说我做错了什么?她为什么突然就生我的气了。"

我说:"你没有做错什么,只是在她眼里工作没有那么重要,但你为了工作没来参加她的婚礼,所以她介意。除此之外，我也想不到其他合理的解释了。"

"可是，"天天说，"你也知道我的工作是我爸妈托了熟人找的，我怎么可能说不干就不干了呢？更何况当时公司真的很忙……"

天天说着，伤心地哭了起来。我对她说："你们经历了不同的人生，对事情的看法也不一样，有分歧是自然的。与其拼命抓住这段友谊，不如顺其自然。实在不行，就留着美好的记忆作为怀念吧！"

听到我说的话，天天的哭声渐渐小了下来，对我说："嗯，我知道了。"

挂断电话以后，我在日记本上写下了这句话：真正的友谊应该建立在相等的见识上，至少不能有太大的差距。如果有人能够跨越门第，成为知己好友，那么一定是因为他们的思想观点是相近的。

朋友不只是那个肯听你说话的人，而应该是能陪你聊天的人。如果两个人的聚会只有你一个人夸夸其谈，先不说对你的朋友是不是公平，他早晚有一天会厌烦这样的"绿叶"角色。只有让你和朋友一起做"红花"，你们的故事才能长久。

有多少年少时的朋友莫名其妙地离你远去了，不是因为你做错了什么，而是因为对方发现自己跟你已经走不到一起了。我也曾尝过这种感觉，曾经亲密的人却咫尺天涯了，不是因为我们认清了什么，而是我们走向了相反的方向。

在行进的道路上，我们不断将阻碍步伐的东西搬到身后，在两个人身后垒起了高高的障碍，以至于我们回身的时候早已看不到对方的身影，早已感受不到对方的气息。

就像喜欢看言情小说的人，与看古典名著的人之间有着无法逾越的鸿沟；喜欢打电子游戏的人，与喜欢到处旅游的人之间有无法跨越的距离……

或许年少时的友情只适合活在记忆里，只适合我们去怀念、去缅怀，而不适合再经历一次。

朋友，当我们的友谊走到尽头，我们不必歇斯底里，更不用恶言相向，我们只需要平淡地承认：结束了。

如此就好。

好走，不送

人生中会遇到好朋友，自然也会遇到一些不愿意提及的朋友。

如果你遇到的全都是为人善良、处处为你着想、真心实意对待你的朋友，那么恭喜你，你很幸运。可如果你遇到过一些让你分外尴尬，让你觉得很难相处的朋友，那么，我建议你对他说一句："好走，不送。"

有人说，女孩子之间的友谊是很脆弱的，一次撞衫可能就会导致两个人的友情破裂。但我遇到的很多朋友都不是这样的。

来说说朋友阿美的故事吧。

阿美刚读大学时，跟寝室里的朋友阿兰关系很好，可是后来发生的一系列事情，让阿美和阿兰的关系越来越远。

第一件事。阿美高中时认识的学姐和阿美在同一所大学。两个人是校友,又是老乡,所以刚开学的时候经常一起聊天,或者去自习室一起上自习。阿美和阿兰熟络以后,就把阿兰带上了,两个人的队伍变成了三个人,最开始的时候倒也相安无事。

可阿兰有一个毛病,只要是她看上的东西,不管是谁的,她都会从别人手里要过来。最让人不能接受的是,阿兰要到手的东西从来就不知道珍惜,常常下午拿到手里,晚上就不知道扔到哪个角落了。

阿美和阿兰是一个寝室,而且关系最要好,当然知道阿兰有这种嗜好,但是学姐并不知道。最开始阿兰只从学姐手里要走一些小玩意,像是钥匙链、笔记本什么的。学姐碍于阿美的面子也不好说什么,更何况都是些小玩意,学姐也不好意思跟阿兰计较。

一来二去,阿兰看上的东西越来越多,也越来越值钱。有一次,阿兰约阿美去学姐的寝室玩,阿美有事没办法过去,于是阿兰自己就去了。阿兰到了学姐的寝室后,看到学姐的床上放着一个白色的毛绒玩具,样子很可爱,就指着毛绒玩具问学姐能不能送给自己。

学姐顺着阿兰的手看过去,想也没想就说不行,那是我男朋友送给我的生日礼物,怎么能转送给你。听到学姐不肯把毛绒玩具送给自己,阿兰的脸色变得很不好看,学姐没有理会她,低头看书。

沉默了两分钟，阿兰说："那这个呢？也是男朋友送的吗？"

学姐抬起头，发现阿兰不知道什么时候爬到了自己所住的上铺，正侧躺在床上。阿兰怀里抱着男朋友送给自己的白色毛绒玩具，手里拿着一个银色手镯仔细端详。

感受到学姐抬头看着自己，阿兰把目光移到了学姐身上，晃了晃手里的手镯，说："这个可不可以送给我啊？"

"不行！"学姐说着，一把夺过手镯，"这是我母亲买给我的，不能给你。"

又一次遭到学姐拒绝，阿兰撇了撇嘴巴，从上铺跳下来，说："好了好了，不要了，学姐真小气。"

说完，阿兰走出了学姐的寝室，只留下学姐一个人对着手镯发呆。那个手镯是学姐的母亲去世前留给她的，她上大学时一直带着，想母亲的时候就拿出来看看。原本手镯一直放在枕头下面的盒子里，不知道阿兰是怎么翻出来的。

想到这里，学姐晃晃脑袋，自言自语了一句："算了，反正没有让她拿走就行。"

学姐把镯子放好以后，马上给阿美打了通电话，把刚才发生的事情一字一句地告诉了阿美。阿美听了以后，也觉得阿兰做得不对，一个劲代替阿兰道歉。最后，学姐叹了口气说："反正我以后不想再跟她有什么联系，你好自为之吧！"说完，学姐挂断了电话。

阿美忙完手里的事情，便急匆匆地赶回宿舍，她想带上阿兰去道歉。可是，阿美刚刚走到寝室门口，阿兰的声音就飘进了阿美的耳朵："学姐真小气，一个毛绒玩具都舍不得送给我。还有啊，学姐的一个手镯，样式很老了，我让她送给我她也舍不得……"

听到这些，阿美原本伸出去的手停在了半空，等阿美回过神来，刚才的话题已经结束了。犹豫了几秒钟，阿美转身离开了宿舍，去自习室看书了。

从那以后，阿美连着好几天都不怎么理阿兰，不明所以的阿兰还是一如既往地找阿美一起玩耍，出去买吃的时候也会帮阿美带一份。女孩子之间的友谊其实也很容易建立，更何况阿美本身也是个容易心软的人。

又过了几天，阿美觉得阿兰或许是有口无心，就原谅了阿兰，两个人的关系又变回之前一样。只是阿美再去找学姐的时候，她们身边再也没有出现过阿兰。

日子一天天地过去，阿美觉得阿兰除了喜欢从别人手里要礼物以外，对朋友也挺好。无论身边的朋友发生什么事情，阿兰都愿意帮忙，这让阿美觉得阿兰很仗义。

大一的时间转眼间过去了，步入大二的阿美交了个男朋友。第二件影响阿美对阿兰看法的事情也接踵而至。

当时阿美的宿舍有个惯例，女孩子交了男朋友要请同寝室的人吃饭。阿美自然不会例外。为了能够让大家一起吃顿饭，阿美特意挑了周末的时间。为了让大家吃得开心，阿美的男朋友还特意选了一家价格不菲的餐厅。

人都到齐了以后，服务员陆陆续续将菜品端了上来，大家有说有笑地准备开吃。吃了没几口，阿兰说："这里的饭真难吃……吃不下去了……"

寝室里的人听到阿兰这样说，都抬起头看着她，脸色都不太好看。大家不停地给阿兰使眼色，但阿兰就像看不到一样，一直在点评这个菜哪里不好，那个菜应该怎么做……

阿美扭头看着男朋友的脸色越来越不好看，转过身夹了个大虾给阿兰，说："你不是爱吃大虾吗？快吃，吃饭都堵不住你的嘴啊！"

阿兰还想说什么，但看着阿美脸色不好，就没再吭声。大家默默地吃着饭，过了一会儿，不甘寂寞的阿兰又开口了。她不停地说着自己当年是如何过五关斩六将，终于考上了重点高中，最后又是怎么样经历高考的，拿到录取通知书的时候多么兴奋。

和阿兰同寝室的人其实早已经听腻了这些话，而阿美男朋友其实对这些也不怎么感兴趣。一顿饭下来，大家都不接阿兰的话茬儿，最多是在阿兰说到什么开心的事情时出于礼貌微笑一下。阿兰一个人说得兴高采烈、眉飞色舞，硬是没停下来。

吃完饭以后，阿美的男朋友说，刚才照顾不周，要不我们去唱歌吧！

阿兰听到以后，拉着寝室的人就往KTV走。阿美走在后头，悄悄问男朋友："你是不是生气了？"

阿美的男朋友说："没有，还不至于。别想太多，我们

·129·

去唱歌吧！"

阿美说："哦，那我就放心了，还以为你生气了呢。"

阿美的男朋友揉了揉阿美的头发，拉着她追上了寝室的一行人。

走进KTV的阿兰有种"放飞自我"的感觉，一个人霸占着麦克风不让人动。最让人尴尬的是，阿兰也不管是不是有人在唱某首歌，自己觉得不想听就直接切掉。唱完歌以后，只有阿兰一个人保持着兴高采烈，其余的人都不怎么开心。

故事到这里就结束了。阿美在"KTV"事件的第二天找我聊天，她问我："是不是我想得太多，我太小气了？"

我说："不是，是阿兰太以自我为中心了，她希望成为别人眼中的焦点，她希望所有人都像父母一样迁就自己。可毕竟这世上不是所有人都理所应当对她好的，她现在还没有看透这一点。"

"是这样吗？"阿美问我。

我回道："是的，你不用想太多，平常心对待就好，毕竟是一个寝室的，撕破脸也不好，保持自己的原则就好。总之，社会上这样的人有很多。"

听到我这样讲，阿美也释怀了。

友情和爱情一样，需要两个人付出。如果其中一个对另一个的感受不管不顾，只知道一味索取，那么这样的朋友不要也罢。

不妨对他说一句："好走，不送。"

Part 5

情可以移，爱也可以重来

分手没有想象中那么可怕

分手其实并没有那么可怕，可怕的是你自己放不下。

曾经有一部大热的韩剧道出了戳人心窝的一句话："如果不真实表达自己内心的话，疼痛会给你答案。"

每个人或多或少都有一段失败的恋情，当时哭着喊着哀求着，仿佛天塌下来一般，最后回忆起来不过是一件无关痛痒的小事。就像我身边的朋友雪丽，当初分手的时候要死要活，后来看看也不过如此。

2015年年末的时候，我收到雪丽结婚的请柬，请柬上雪丽和她先生的照片看着格外甜蜜。我一直以为，经历过一次分手的雪丽会对婚姻格外惧怕。现在看来，她已经完全从失恋的阴影中走出来了。我不禁想起雪丽刚分手的时候，那场景简直堪比琼瑶的催泪大剧，看着让人都格外心疼。

雪丽和她的前男友刚子的分手是在大学的毕业季，起因是雪丽考上了学校的研究生，她的男友却因为考研失利，决定回家工作。未来该怎么办？这件事情成了雪丽和刚子的枷锁，他们几乎每天都会为此争吵。

刚子的家庭希望他能早点结婚，但是雪丽还在上学，不想过早结婚。另一边，雪丽的父母也劝她再三考虑，三年时间是个无法控制的变量，谁都不能确定未来会是什么样子。

就这样，我看着雪丽和刚子从甜蜜的生活中，一下子坠入到为了现实生活而不停争吵的深渊。他们互相牵挂着，互相僵持着，谁都不想妥协。

尽管我和许多朋友早已习惯了雪丽和刚子的争吵，但还是觉得他们的分手来得毫无预兆。还记得那天我们一起为了毕业实习的事情说好了要去聚餐。而雪丽在微信上问我们探望病人需要注意什么。在我们的追问下，雪丽说她男友的母亲住了院，自己要去探望。

在我们的建议下，雪丽买了水果准备去探望男友的母亲。但是她的男友并没有像之前那样高高兴兴地下楼迎接，而是在电话里躲躲闪闪，说着各种借口，不让雪丽来探望。

有时候女生的第六感准确得可怕。雪丽在那一瞬间，似乎突然明白了一件事，那便是他的男友不愿意让她去见他的父母。

其实，一段感情破裂之前，总会有种种迹象透露出来。有些迹象甚至犹如一段恋情破裂的导火线，"砰"的一声，便会将彼此之间的爱情，炸得粉碎。

她的男友说了实话，父母确实不想让他们来往了。雪丽知道他们或许早晚要分道扬镳，却万万没有想到，会以这种方式回归陌路人。

当一段恋情结束的时候，所有的借口，都能被当作结束的理由。他们分手的那天晚上，雪丽一个人在回家的路上泣不成声。

当你已经习惯了依赖一个人的时候，重返一个人的生活与空间后，就会觉得连空气都是孤独的。雪丽扔掉了所有与两个人相关的东西，退还了所有男友送过她的礼物。

她一个人从学校搬到自己工作的地方，准备迎接研究生生活的到来。

我们帮她把东西搬到租住的房子里，那个房子很旧，是一间民宅，被分出很多单间。而且条件并不好，夏天只有一个吱呀吱呀响的破旧电扇，窗户是接近屋顶的小小的两扇半开玻璃窗。雪丽说她那时候因缺氧常常在半夜被憋醒，然后一身汗去房东的小院里透透气。

最主要的是她那段时间频繁加夜班，回到家常常已经到了半夜，路上总有些酒鬼，歪歪斜斜地走着，看着她，紧紧地跟在她后面。

我们让她在回家的路上给我们打电话，在电话中总能听到她大步跑步的喘气声。她不敢给自己的父母打电话，听说她的父母因为她的坚持，从不答应到慢慢考虑，就在她的父母打算松口让他们可以先结婚的时候，她的男朋友却提出了分手。

她说没办法想象自己印象中一直威严的父亲在喝醉后说起自己结婚的事情红了眼眶的样子，也无法想象母亲说她分手那天的晚上，他的父亲去楼下抽了一包烟。

那段时间像做噩梦，在雪丽的记忆中挥之不去。她不知道怎么去面对一个人的生活，也不知道如何回家去面对自己的父母。

人往往不死心，都是因为当时被伤害得还不够深。听说后来雪丽不甘心，曾给前男友打了一个电话，问他还有没有复合的可能。平日里一听到她哭就慌了手脚的前男友，那次却异常冷静地拒绝了她。

其实做一个决定也不过是一瞬间的事情。雪丽在挂断了电话之后，捂在被子里哭了半个晚上，等到自己哭不出来了，心中关于男友的一切，似乎像是火苗一样，慢慢熄灭了。

每一次的分手都像是脱胎换骨，每一次的伤害都是一次成长。雪丽从分手后开始逐渐露出了笑脸。她开始疯狂购买衣服，只要有时间就约我们出去。这样的状态持续了一段时间之后，在她实习结束之时，基本也从分手的阴影中走了出来。

其实，在这段时间里功不可没的是一直在失恋的阴影中陪伴着她的李先生。张爱玲曾经说过："忘记一个人只需要两样东西，时间与新欢。"对过去抓着不放，折磨的只是自己，还不如各自两清，做个甲乙丙丁，如此甚好。

很显然，在时间和新欢里，雪丽选择了后者。李先生是她的初中同学，曾经追求过雪丽两次，但是每次都因为各种事情而错过了。在雪丽失恋的那段时间里，他抽出时间一直开导雪丽。在雪丽走夜路害怕的时候，他主动给她一直打电话，直到她回到家中。

雪丽结束实习回到家之后，李先生带着她吃了最爱吃的火锅，带她开了很久的车去邻市的风景区散心，甚至还叫上我们这群朋友一起出来陪她去K歌、吃饭。

雪丽那时候才知道，什么异地恋，什么父母不同意，全是借口。在经过几个月的磨合后，李先生终于抱得美人归。雪丽也终于从那段感情中走了出来，转向新的生活。

分手没有什么可怕的，可怕的是我们明明知道该放弃的时候不放手，一味地贪恋着过往，从而忽略了眼前一直陪伴在自己身边的那些人。

不管男人，还是女人，每个人或许都经历过一段伤心绝望的岁月。我也曾在分手之后常常半夜买醉，在寂静的街道上喊着前任的名字；我也见过身边很多因为失恋每天都要死要活的人，他们或喝酒或抽烟，或在深夜里号啕大哭。

过于留恋过往并不会给你带来什么好处,人活着就是一个不断捡起又放下的过程。有时候你觉得分手像是世界末日一样可怕,其实真正可怕的,是你自己不愿放下,也不想面对未来。

为何你不愿意结婚？

不知道你有没有发现，身边越来越多的人不想，或者是不着急结婚了。

这种人大致可分为两类：第一类不再是为了选择面包而去结婚，而是想要嫁给爱情的；第二类是即使没有另一半，生活还是会过得充实而有意义的。

日剧《单身贵族》中有一段很经典的对话，对于当下的婚姻观诠释得更直接。

男方和女方在提出结婚这个话题的时候，男方向女方提出了一个要求，说："每天早中晚，很期待你亲手做的热腾腾的饭菜，能帮忙打扫卫生的话就再好不过了。"

女方诧异，打断他的话说："但那不是老婆，而是帮佣吧。"

男方反问："但老婆不就是这样吗？"

女方目光有些黯然，说道："那我的梦想呢？"

男方显然没有想到她会问这个问题，沉默了一会儿回道："在家务忙完之后有空的时候，当然会支持你的，但是家人的生活是第一位的吧，结婚的话家务又多，有了孩子的话抚养小孩也很辛苦吧。"

女方回绝了他："不好意思，如果是这样的结婚，我一辈子单身也没关系。"

后来我站在女方的角度重新思考这个问题，确实如此，如果我是这个女人，我也会拒绝结婚。

现在已经不是依靠男人的封建时代，女人也不再是男人的附属品。我们身边有很多一点都不逊色于男人的女精英。她们穿着套装行走在办公楼内，开着自己赚钱买的豪车，拎着上万的包，用着昂贵的化妆品。

还记得范冰冰当时被记者问到以后会不会嫁入豪门的时候，她回答说："我自己就是豪门，为什么还要嫁入豪门。"

其实，漂亮而又聪明的女人总是很受欢迎的。我想起身边的一个同事林琳。林琳年轻漂亮，工作能力也很强。从林琳来到这个公司起，她的身边就不乏追求者。

恋爱是人生中的一件大事，尤其是到了谈婚论嫁的年纪，就更需要擦亮自己的眼睛了。林琳在自己的追求者之间千挑万选，总算是找到了一个自己喜欢的男生。

对方是个很帅的小伙子，年纪轻轻月薪就到了两万。两人一见钟情，相谈甚欢，很快就确定下来了恋爱关系。

刚开始的相处总是甜蜜而幸福的，但是随着两人深入的交往，问题也逐渐暴露出来了。林琳这个人虽然工资也多，但是花销也多。

化妆品和包似乎是天下所有女人的爱好。林琳也不例外，她每个月花在化妆品和包上的钱能占自己工资的一大部分，甚至买一个包，就能达到四位数。

她的男朋友在无意间得知林琳的开销的时候，根本不能理解。他当晚找到林琳聊起了这件事情，说道："女人为什么要买那么多化妆品呢？用完了再买就行，为什么同一个类型的要买那么多呢？还有包，一个够用就行，没必要为了一个包，花上自己几个月的工资吧。结婚后要用到钱的地方很多，现在能节省就节省一点。"

林琳在听完他的话之后，立即和那个男人分手了，她说："如果以后结婚我们生活不富裕我可以控制自己的开销，但是我自己赚的钱自己花有什么不对，如果你非要拿婚姻来约束我的生活，降低我的生活质量，那我结婚是为了什么。与其这样，还不如不结婚。"

当一个女人有自己的思想和追求时，当她们可以给得起自己想要的生活的时候，年龄不再是禁锢她们的枷锁，婚姻也不是她们前行的阻碍。

婚姻最好的模样，不是为了面包，而是因为爱情。

你上了一天班，她也工作了一天。但是她还要准时烹饪好每天的饭菜，耐心地教导孩子的功课，甚至要抽时间打扫好家里的卫生，将第二天上班要穿的衣服准备好。

她所做的一切，不是因为她嫁给了你，就有义务无止境地操劳下去。女人多半愿意做着一切，是因为她爱你。她愿意为你们两个人共同建立的家庭付出一切，但是如果你给不了她想要的爱情，那么婚姻也没有继续下去的意义了。

而另一种人，他们即使没有另一半，一样可以活得十分精彩。在《生活大爆炸》里面，谢耳朵在霍华德的婚礼上发表了一段致辞："人穷尽一生追寻另一个人共度一生的事。我一直无法理解，或许我自己太有意思，无须他人陪伴，所以，我祝你们在对方身上得到的快乐，与我给自己的一样多。"

可能对于一些人来说，生活中没有爱情是不行的，他们穷极一生去追求自己所爱的人，希望与其能共度一生。但是对于另外一些人来说，他们的人生还有很多其他追求的东西，爱情并不是所有人的无上教义。

我一直在一个社交软件上关注着一位网友，大概而立年纪，独自一人隐居于山中，一直未曾结婚。他的生活就像所有我们向往的隐世生活一般，每天早早地起床读书，然后在上午阳光刚好的时候修剪和浇灌院子里的花花草草。

下午写写书法,有时候也会扫扫庭前的落花,和前来看望他的朋友们坐在一起喝喝茶,走出院子去看看自己一直投喂的小猴子。

等到秋收的季节来临之后,他便会和朋友们一起去田地里收获成熟的作物,或者是在谷雨前一起背着竹筐去采茶。

我曾见他发过自己做剪纸的照片,还有自己用稻草编织的小动物,充满了童趣。他的生活过得纯粹而温柔,在他发表的文章中,从字里行间里看到的全是对生活满满的感激,如稚童一样虔诚地过着每一天。

我常常就这样"窥探"着他的生活,连点赞都怕会打扰了他的清净。

有人说人到了一定的年龄就该结婚了,但像这位网友,难道我们会因为他不结婚,就觉得他的人生不完美吗?

我们去观察那些不愿结婚的人,无论男女,他们多半有自己的生活。

沉迷于书籍的人终日与书为伴,有时候读到一本好书,找到一篇古籍的残章,都能让他们高兴许久。

爱旅行的人,他们或沉醉于历史古迹所带来的悠悠韵味中,或沉迷于大自然鬼斧神工的造化中,所经历的每一段旅程,对于他们来说都像是一次心灵上的洗礼。

他们的物质和精神状态都很富足,他们享受一个人的时候带来的所有美妙的滋味。

结婚本来就不是一件毫无目的的事情,我们的人生也不单单是为了结婚而存在。我们之所以结婚,是因为遇到了爱的人,然后两个人在一起努力,去创造更好的生活。

如果婚姻给你带来的只是困扰和痛苦,这样的婚姻也就没什么意义了。很多人也不是不愿意结婚,而是不畏惧单身,因为面包会有的,爱情也会有的,只是时间和缘分的问题。

你之所以情场失意，是因为不分情谊

什么是爱情？什么是友情？有过爱情的人，根本不需要去懂得；不曾分清这二者的人，也意味着他从未获得过爱情。

爱情和友情都饱含爱与关心，但彼此却有着清楚的界限。爱情往往经得起风雨，却经不起平淡；友情常常经得起平淡，但经不起风雨。

我身边就有一个明显的例子。大宝总是向我抱怨，他追过的女孩都不答应他，明明当时在一起的时候彼此相处得很愉快，但是为什么一说到恋爱关系，就突然变了脸色。

刚开始我还充满耐心地安慰他，后来时间长了，发现他所有的爱情都是这样，还未开始，便被扼杀在摇篮里。后来我也不忙着劝他，听他讲完所有的故事之后，才终于帮他找出症结所在。

大宝是个很善良的男生，高高胖胖的，长相属于那种大男孩的感觉，因为他阳光开朗、乐于助人的性格，所以他身边的朋友很多，大家做什么也都愿意找他一起。

每个人都有一段青涩懵懂的岁月，大宝也不例外。他刚刚到大学报到的时候，正值傍晚，院系的迎新生场地都已经收拾好准备要撤了，大宝只身一人带着沉重的行李，终于赶上了报到。

迎接他的是一个高高瘦瘦的学姐，人笑起来带着小酒窝，长得非常甜美。因为学长们都在忙着将帐篷抬回活动室，所以带大宝去宿舍的重任就落在了这位学姐的身上。

就像是所有进入大学的年轻人一样，大宝对这个崭新的生活环境表现出莫大的兴趣。凑巧的是，这个学姐是大宝的老乡，他们在宿舍安顿好之后，学姐带着他去食堂吃了一顿饭，然后陪他在学校转了一圈熟悉环境。事后他们交换了联系方式，学姐也很热心，拍拍胸脯说大宝的事情以后都包在她身上了。

新生入学总是匆忙的，每天接二连三的新生会议和艰苦的军训很快让大宝忘了这件事。但是随之而来的学生会纳新，让大宝在宿舍舍友的撺掇下鼓起勇气填上了自己的名字。意外的是，他在面试会上又看到了那天带自己来的学姐。学姐当时是学生会宣传部部长，负责新生面试，因为彼此比较熟悉，所以大宝的紧张感放松了不少，面试过程也很愉快。

结果，超常发挥的大宝自然是入选了。进入学生会之后，大宝理所当然地选择了学姐所在的宣传部。宣传部是个比较大的部门，所以他们刚去的时候，学姐不厌其烦地教给他们每个人办公室软件的运用，温柔地分配着每个人的工作任务。

因为宣传部经常要做海报和宣传栏，正好大宝的绘画功底很好，时间一长，他自然就在部门中脱颖而出，成为学姐关注的重点。

有时候我们不得不承认，工作能力越强的人，上级就越愿意把工作交给他。大宝就是那个越用越顺手的人，他永远穿梭在院系办公室和宿舍之间，总是在活动需要出人手的时候第一个站出来。久而久之，学姐总是愿意做什么事都叫上大宝。

办公室需要采办东西了，他们一起跑到批发市场去买；各种会议要求出去参加了，也是他们两个人一起出席。久而久之，人们见到的永远是学姐和大宝在一起。

年少的男孩子，总是心思单纯的。他们不善言辞但是对爱情有着美好的幻想，甚至有的时候女生多看了他两眼，他就感觉那个女生是不是爱上了他。大宝就是如此。

有人就开始问了："大宝，你是不是跟你们学姐在一起了？"大宝总是红着脸否认。但是每到晚上，他又会开始思考这个问题。在那个青春萌动的年轻人心中，似乎唯有爱情才能解释这一切。

大宝像是沉溺于爱河之中，哪怕有时候学姐跟他多说了一句话，他都能揣摩出来七八种不同的意味。他在脑海中幻想了无数遍两个人在一起的场景，也幻想了无数次他告白的方式，但是一回到现实之中，又立马怂了下来。

他每天在追求和退缩中徘徊着，然而让人悲伤的是，学姐在不久后，就已经找到了男朋友，是隔壁体育系的男生，高高帅帅的，和学姐莫名般配。

其实有时候暗恋也没什么不好的，你可以决定什么时候爱她，也可以决定什么时候不爱她。但是大宝想不通，他以为学姐对他是有好感的，只是因为自己过于犹豫了，所以错过了她。

于是在大宝的第二段恋情中，他选择了主动出击。这次的目标是办公室的小冉。大宝来公司比较晚，办公桌距离先他一个月进入公司的小冉最近，所以大宝平日里有什么不懂的问题也都问她。小冉本人也比较热心肠，有时候说不明白了还会亲自动手示范。两个人性格相投，一来二去也就熟悉了。

办公室里因为他们两个年纪小，所以每天下班后的生活不是吃喝就是玩耍。大宝向小冉介绍自己喜欢的事物，小冉带着大宝玩自己爱玩的游戏。两个人往往一拍大腿就能决定下一秒去哪里玩。

人生在世少想一点事，往往会避免很多麻烦。大宝就是个活生生的例子，他有一天喝多了，脑子里翻来覆去想的都是小冉。就在那一晚，大宝琢磨出来一个道理，他对小冉有着不一样的感情。

鉴于大学时的教训，这次他利落地表白了。让人没有想到的是，小冉拒绝了他。小冉一直有喜欢的人，但是因为大宝当时刚来公司，又老爱问她工作上的事情，她作为同事帮助他是应该的，后来两个人在一起发现兴趣相投，所以吃喝玩闹都喜欢拉上对方，但只限于朋友一样。

大宝那个学姐又何尝不是呢？可能人的一生会遇到很多人，那个学姐刚开始不过也是因为大宝是自己的老乡，所以多照顾了一些。后来又因为在工作上比较投机，常常带着他一起而已。

大宝之所以一直感情失败的原因，无非是分不清情谊而已。大宝更像是社会上一部分人的缩影，他们常常把同事之间的关照，前辈之间的关爱，甚至是朋友间的关心，都误认为是爱情。

当我们分不清爱情和情谊的时候可以静下心来问一问自己，和你认为喜欢的那个人在一起的时候，你是否会感觉快乐，在她离开的时候，你是否会悲伤。

你在不在意她身边的异性，当你知道一个异性和她走得特别近的时候，你是为她感到幸福，还是会嫉妒。

当你们在一起的时候，你是拘谨的还是自然的，你们分开后，会不会常常想念她。

如果你因为要与她分开而悲伤，看到她身边的异性时会嫉妒，在他面前时拘谨而又不自然，甚至分开后格外想念对方，那么恭喜你，你爱上对方了。

反之，那便不是爱情了。你们之间的感情更像是一种朋友间的情谊，所以有时候无须多想，因为你爱的那个人出现的时候，你会怦然心动，然后心中认定，就是她了。

当然，这种感觉也绝不是只针对一方而言，那叫单相思，只有双方都有这种强烈的感觉的时候，才能摩擦出爱情的火花。

"嫁值"昏心，"价值"清脑

礼金最早见于周朝时期，在《仪礼》中记载有详细规制，整套仪式合为"六礼"，西周时确立并为历朝所沿袭，是"彩礼"习俗的来源。"六礼"即：纳采、问名、纳吉、纳征、请期、亲迎。六礼中的"纳征"是送聘财，就相当于现在所讲的"彩礼"。

在买卖婚姻的旧时代，礼金也被看作是一个姑娘的身价。但是随着新社会的到来，礼金也就逐渐演化成了表示对女方家庭的重视，婚前会给女方一个吉利数字的礼钱，用来举办酒席，置办婚嫁物品。

但是不知道社会上什么时候兴起了一股天价彩礼的风潮，刚开始还是几万彩礼加"三金"（即金项链、金手镯、金戒指），后来没多久又开始流行起来"三斤"。虽然这里的"三斤"和"三金"谐音相同，但是意义却大不相同。

这里的"三斤"指的是将崭新的人民币往秤上一放，不多不少，正好三斤重量。这才算是迎娶姑娘的彩礼。我虽然没在现场见过这三斤的人民币到底是多少，但是听别人说，至少也有个十几万。

随着近些年经济的发展，一些个别地区的礼金反而越要越高，甚至以几万元为基数上涨。人们现在大有一种给的礼金越多，自己家里姑娘越有面子的趋向。所以现在男孩子结婚，父母早早地就要买车买房，求爷爷告奶奶般四处借钱凑礼金，才能将新娘娶回家。

这就未免曲解了礼金的意义。爱情不需要金钱来衡量，一个人的身价也不应该由金钱的多少来决定。

前一阵子公司的小刘要结婚，因为我要出差，所以没赶得上参加他的婚礼，公司其他人则是一早高高兴兴地开上车去闹洞房了，但是当我回来，只见当初去参加小刘婚礼的人，都是一脸微妙的表情，全然没有参加婚礼后的那种高兴劲，于是在我的再三追问下，同事才说出其中缘由。

原来在小刘的家乡嫁姑娘要的彩礼都很多，当时姑娘家一直要求小刘给十五万元的彩礼，但是小刘的父母全靠着一亩三分地生活，没有太多的收入来源，所以这么多年下来，根本没存下几个钱。再加上女方要求有车有房，他家不得不借钱买了车房，二老就这样背上了一身的车贷和房贷。

虽然小刘平日里工资也不少，但是交完房租，除去自己的开销，一个月能剩下的也不多。于是，给还是不给，成为摆在小刘面前最大的问题。这就像是人向前走了九百九十九步，剩最后一步的时候，哪怕再难，也不愿意放弃。小刘就处在这最后一步，和女方家协调了很久，对方也松了口，双方各退一步，最终给了十二万元的礼金。

结婚本来是一件很高兴的事情，但是偏偏在关键的时候出了岔子。女方家临到结婚才回过味来，别人家的姑娘都是十五万元、二十万元，为什么自己家姑娘就偏偏十二万元呢？难道是自己家姑娘不"值钱"？

结果在婚礼当天，就闹了这么一出。小刘去接新娘子，新娘子死活不开门。小刘按照规矩给伴娘撒了一通红包，礼数都做足了，但是新娘还是不出来。小刘左等右等，反而把丈母娘等出来了。

两家人面对面，彼此大眼瞪小眼，僵持了半天，女方家终于开口了，说自己的电视太旧了，这结婚也没个新的诸如此类的。

小刘一时傻了眼，明眼人都看出来这是要电视机呢。小刘家虽然不高兴，但是在这吉时良刻，又岂能丢脸面。于是小刘这边接亲的亲戚东拼西凑，赶忙包了个几千块的大红包。丈母娘接了红包，新娘子这才从家里出来。

虽然有些不愉快，但是看到自己女朋友穿着婚纱一脸娇羞地抱在自己怀里，小刘感觉什么都值了。于是，一路敲锣打鼓,迎亲的礼队很快到了结婚现场。

婚礼的红毯从车前铺到酒店门口,所有人都眼巴巴等着新娘下来。然而问题又来了,新娘端坐在车上,怎么也不下车。小刘有了一次教训,这次很快反应了过来,便去问丈母娘这是什么意思。丈母娘吞吞吐吐、哼哼唧唧了半天,终于说出了其中缘由,自己将姑娘交给你了,但也不能白养这么大。

小刘听明白了意思,忙附和道,把孩子照顾这么大确实不容易,然后掏出一个大红包。丈母娘接过去摸了摸,脸色还是不大对。这时,旁边的人多嘴说了一句,是不是当初彩礼没给够啊。

小刘这才彻底回过神来。原来他的丈母娘还惦记着少了的三万元彩礼呢。而他看着婚车里的新娘,一副事不关己的样子,全程面无表情地听着母亲的安排,气已经不打一处来。

小刘摔门而去,并对开车的师傅说道:"送他们回去吧,这婚我是结不起了。"

小刘家的亲戚忙过来阻拦,但是小刘已经铁了心。女方那边则是傻了眼,等新娘子回过神来,看着不知所措的母亲,眼里的泪水直打转。

好好的婚礼就这样不欢而散。我听完哑然,虽然小刘的做法有些极端,但是细想女方的做法也确实不对。

礼钱应该要，但是一味盲目攀比也就失去了彩礼的意义了。

社会上类似的事例已经见怪不惊，很多姑娘在婚姻中都一味地追求有车有房彩礼高，仿佛彩礼越高自己就越优秀。但是一味用金钱堆砌起来的婚姻，就能体现出你的价值来了吗？我想不是。

真正能体现一个人价值的，并不取决于你收到的彩礼的多少。

礼金本身并不在于数量，而是我们对于传统习俗的一种继承和尊重。建立在金钱之上的爱情必然是不牢固的，也没有人会因为你要了几十万元的礼金而高看你一等。

与其在纠结对方给了你几栋房子、几辆车，给了你多少彩礼，不如多看一些书，多学一些知识，多参加一些公益事业，以体现自身的真正价值。

不要让所谓的"嫁值"蒙蔽了你的内心，如何提升自己本身的"价值"，才是人生中最为可贵的。

交利的人一起欢闹，交心的人一起变老

我与一群商业伙伴喝酒唱歌闹了一晚上，天亮从KTV出来的时候，望着缓缓升起的朝阳，蓦然想起了《战国策》里的一句话："以财交者，财尽则交绝；以色交者，华落而爱渝。"

古人常说"四海之内皆兄弟"，但是"万两黄金容易得，知心一人却难求"。一起欢闹的永远是交利的朋友，一起变老的只有交心的朋友。

有一个哲理小故事，说的是两个生死之交的朋友行走在沙漠之中，连日来的缺水已经让他们出现脱水症状，两个人距离死亡只有一步之遥。他们虔诚的祈祷，希望上帝能给他们一条生路。或许是他们的虔诚感动了上帝，这时候上帝出现了，赐给了他们一棵苹果树。

树上有一大一小两个苹果，上帝对他们说："只有吃了

大苹果的人才能有希望走出沙漠，吃小苹果的只能抵挡一时饥渴，生存无望。"说完这句话上帝便离去了，两人相互对视，谁也没有去吃苹果。

随着夜幕降临，两个人伴随着饥渴睡去。第二天一个朋友醒来，却发现苹果树上只剩下了一个小苹果，而自己的朋友已经不知所踪。他失望至极，感受到了前所未有的无情与背叛。他狠狠地摘下了树上唯一的一个小苹果，毫不犹豫地吞了下去，哽咽着并带着对朋友的愤恨继续行走在沙漠中。可是没走多久，他就发现了自己的朋友躺在前面的沙漠里，手中握着一个比自己刚才吃的更小的干瘪的苹果。他恍然大悟，抱着朋友的尸体号啕大哭，但是说什么都晚了。

莎士比亚曾说过："朋友间必须是患难相济，那才能说得上是真正的友谊。"很多时候我们不妨静下来想一想，身边真正愿意和你患难相济的朋友又有多少人呢。

似乎谁的嘴边都挂着一连串的生死之交：我的某某闺密，我的某某兄弟。但是当他遇到困难，也不见他们所谓的闺密和兄弟伸出援手，但凡有一点利益的事，却会立刻蜂拥而上。

朋友不是嘴边说说就是好朋友了，只有岁月沉淀下来的那些人，能陪你患难与共的人，慢慢陪你变老的人，才是人生挚友。

但是这个道理，似乎只有在每个人实践之后，才会对这句话深有体会。

我年轻的时候,《古惑仔》电影几乎席卷了我们的年少轻狂。其中,山鸡去营救陈浩南的那段场景,现在回想起来,依旧是热血澎湃。那部片子涉及了兄弟情义、友情岁月、刻骨爱情,可谓是生动地诠释了我们那一代人无处安放的青春。

而我们也在这部影片的影响下,随处都能大喊一句兄弟情义重于天。一群人喊着兄弟情义每天吃吃喝喝,喝高兴了大有随时掀翻学校门口的啤酒摊子的架势,一副不知天高地厚的样子。

但是人总会长大,饰演山鸡的陈小春现在已经结婚生子,在妻子面前不乏一副沉稳的样子。而当初和他一样刺头的小青年,现在也各奔前程,大部分人已经穿上西装,走在成功人士的行列。

人总是在困境中才能认清什么样的人才是真正的朋友,什么样的人才是酒肉狗朋。

工作的那些年我的生意有些起色,也遇到了很多在生意场上和酒场上谈得来的朋友。当时我一直以为,只有这样的朋友才能给我的人生道路带来些许帮助。所以我们常常纵情酒场,整天哥哥老弟地称呼着,亲切得仿佛是失散了多年的兄弟。

我记得那时还是一个秋天,我负责了很久的项目终于谈了下来，双方合作也很愉快。合作结束后，对方很快就按照合同上的条款打了钱，我因此也小赚了一笔。可是，手里有钱的消息很快就传了出去，随之而来的是各路朋友的酒场。

酒桌上朋友间说得最多的一句话，就是借点钱周转周转。当时的我感觉既然是朋友，只要开口就必须帮一把，所以虽然当时我赚的不多，却借出去不少。

尴尬的是我把钱借出去没多久，生意上就遇到了困难。那时候的我把大部分资金都借给了朋友，手中的流动资金周转不过来。于是思量了半天，红着脸一个个向当时那些说周转两天就还的朋友说明了情况。

对方几乎商量好似的，在电话里一口答应，但是在说好还钱的那天，一个个又没了音信。那时候我坐在客厅的沙发上，看着茶几上一张张借据和项目的催款单，和那些所谓的朋友在一起喝酒的情景突然又浮现在眼前，记忆中欢笑的脸庞，一下子变成了讽刺的嘴脸。

旁人都说我傻，钱说借就借，如同大风刮来的一般。我在消沉了一天之后，硬着头皮再次给他们打了电话。对方依旧说的比唱的还好听，有两个热情的朋友坚持说要带我去喝一壶，但绝口不提还钱的事情。

只有一个人在接到电话的时候还了钱，结果还打了个88折，并撂下一句话，爱要不要。

当初借钱给他们的也是我，最后落下个追着朋友要钱的坏名声的也是我。只怪自己年轻气盛，看不透人心，总以为酒过了三巡，那就是朋友了，现实却打了我狠狠的一记耳光。

最后迫于无奈的我，拨通了发小的电话。当时的我是忐忑的，因为虽然我们从小一起长大，关系也不错，但是由于我这些年沉迷于酒场和事业上的朋友，已经很长时间没有跟他联系过了。

在村里我们两家是邻居，小时候我经常去他家蹭饭，他也来我家蹭饭。只要谁家做了好吃的，我们都要在楼道里喊一声，招呼对方过来吃。当初我们一起掏遍了树林里的鸟窝，翻遍了周围的矮墙，约好去同一座城市上大学，但是最后却因为相差了几分，两个人去了不同的地方，以至于后来联系也慢慢变少了。

发小听完我的情况之后，沉默了约有10秒钟，要了我的账户之后说让我等等。我挂了电话，觉得大概是完了，当初生意成功的时候没有想到人家，现在有困难了反而记起他人了，从道德层面来说，也难免有点说不过去。我当时在房间来回踱着步，思考着要不要再给借钱的那些人打一遍电话。

就在我终于鼓足勇气要打电话的时候，我的手机上收到了一条汇款成功的短信。上面是发小的名字，同时他也打过来电话说家里没多少钱，刚刚去了银行把自己的定期存款取了出来，一起都汇给了我。

真正的友情就是,哪怕你们之间相隔了再远的距离,哪怕你们过了很长的时间都没有联系,但是再次见面的时候,依然熟络开心,就像一天都没有分开过一样。

一年后的一天,我从母亲口中又得到了一个消息,当时我向发小借钱的时候,他已经看好了一套房子,正要全款购买。但是我突然的一个电话,一下子打乱了发小所有的计划,最后他只留下两万块钱交了定金,剩余的钱全部借给了我。

这个世界上的朋友分好多种,仅仅知道姓名的算是一种朋友,商业上来往的也算是一种朋友,但是最珍贵的,往往是能和你一起交心的朋友,是能在困难时拉你一把的朋友。

我们每个人都在漫长的岁月中不断结识着各种各样的人,但也只有经历过岁月和苦难的考验,才能帮你筛选出真正能够陪你慢慢变老的挚友。

Part **6**

成就TA，也成就了你自己

一个萝卜只能有一个坑

克里姆林宫里的一位老清洁工说:"我的工作同叶利钦的差不多,叶利钦是在收拾俄罗斯,我是在收拾克里姆宫,我俩都在做好自己能做的事。"从表面看来,二人的工作性质不可同日而语,但他们都在认真地干着自己的本职工作。

有人把人在社会上的分工比喻成萝卜地的坑,每个人就像是萝卜一样,只能对应一个坑。努力地深扎于地下,在自己的领域中打造出一片新天地。

曾经看过一个小故事,内容浅显却大有深意。在一个小菜园中,一个农民栽种下一排排的萝卜种子。随着时间的流逝,种子发芽生长,当初还只是种子的萝卜已经长出了绿色的嫩苗。

它们在田间排着队整齐地生长着,没多久就长出了粗壮的果实。小萝卜长大了，也有了自己的思想，后排的萝卜每天听着前排的萝卜讲述着田园外都有些什么有趣的东西，但是不管后排的萝卜怎么张望，都看不到它们所说的景象。

前排萝卜高高的嫩苗挡着后排萝卜的视线，久而久之，后排的萝卜就不干了。因为它们也想亲眼看到外面的世界，而不是只能从别人口中听到外面有多么美好。他们每天都乞求着，希望前排的萝卜能让出来它们的坑，让它们也体验一把前排的感觉。

于是在它们一天天的期盼中，前排的萝卜终于有一个干枯了。于是主人将干枯的萝卜拔下来，答应了后排萝卜的请求，将它们全部向前挪了一个坑。

后排的萝卜终于如愿了，被挪到前排的那个萝卜坑，并向田间外张望着，它们终于看到了自己心心念念的风景，却并没有前排萝卜口中所说的那么美丽和新奇。

因为田野外除了田野，还是田野。它们无比失望地告诉依然充满希望的同伴，每个萝卜都是一脸失望。

挪坑并没有给它们带来想要的，反而因为挪坑使它们的养分也变得少了，它们在每天的抱怨中，思念着自己之前的坑。

因为挪动了自己的位置，这批萝卜远远比不上之前的那一批萝卜，于是主人在萝卜的哀号声中，将它们早早地拔出来，廉价卖掉了，转而种上了大白菜。

被拔掉的萝卜悔不当初，看着自己被扔进饲料机，成了最低廉的饲料制作材料。但是一切都已经晚了。

其实人生无非也是这么一个过程，每个人都有自己的"坑"，我们一直以为只有前排的风景才最美丽，于是还没来得及在自己的"坑"中扎根，就跳到了别人的"坑"中，结果不仅没有做好别人的事情，也耽误了自己。

如果换算到现实生活中，这种"坑"就代表着自己的本职工作，每个人都有一个属于自己的坑。但是我们却常常在自己的"坑"中埋怨着自己的工作任务量太大、工薪太少、福利太低，转而去羡慕别人的工作。

这世界本来就没有什么是完美的，当你真正站在你想要去的位置上，你才会发现，心中无限美好的东西，也有让人无法接受的阴暗面。于是你丢了自己原本应该拥有的，也做不好当下的事情。

于是，你又开始寻找下一个认为完美的，并且不断地"跳槽"，不断陷入一个死循环。

总要在历经了失败和挫折之后，人才会明白这个道理。一个萝卜只能有一个坑，与其去羡慕别人的工作和人生，不如脚踏实地，先干好自己的工作。

我身边有两个朋友，是一对双胞胎。哥哥叫作梁明亮，弟弟叫作梁栋梁。两个人虽然生长环境相同，但是性格却大不同。

这对双胞胎是在父亲的经商环境下成长起来的,哥哥明亮继承了父亲敢闯敢拼的性格,从上大学开始就鼓捣着自己创业。别人闲时都在一起喝酒旅行,而他却已经开始有模有样地炒起了股票。

而弟弟栋梁受到母亲的影响多一点,因为自己的母亲是一个银行职员,所以做什么事情都比较谨慎。栋梁从小就对商业无感觉,从大学开始,他就琢磨着他的公务员考试,希望毕业之后能进入一家机关单位,过上稳定的生活。

两个人截然不同的性格,决定了两个人不一样的人生道路。大学毕业后,父亲给了两个人一些钱,让他们分别去创业或者生活。哥哥拿完钱第二天就去投资了,随后拿回来了利润和本金,借着大学生创业的风潮,开了一家小公司。

而弟弟拿完钱之后,犹豫再三,还是将钱放到了银行,买了一个投资产品。然后回到了家乡的一个机关单位,如愿以偿地过上了办公室的生活。

人生刚刚起步,两个人相差的距离并不大,甚至弟弟的生活要比事业刚起步的哥哥优越很多。

就这样,兄弟俩在不同的路上越走越远。

几年后,哥哥的公司逐渐有了起色,收入也变得可观起来。和拿着死工资的弟弟相比,立马拉开了差距。

弟弟看着哥哥这两年发展越来越好,也开始动起了小心思。同时,随着生活压力的增加,机关单位的弊端也在这个时候显现了出来。

虽然工作稳定，办公环境舒适，但是每个月的死工资还不够偿还房贷和车贷。于是弟弟想起自己放在银行里的存款，想着和哥哥一样，要出去经商。

这次大概是弟弟一生中做过最大的决定，他在哥哥的帮助下做了市场分析之后，毅然辞掉了本来的工作，开了一家小公司。

虽然弟弟要比哥哥踏实肯干，但是他和哥哥相比，少了许多投资的勇气，由于过分谨慎，他的公司一直不温不火，公司的收入也只能维持正常运转。

或许应了那句话，不一样的人有不同的人生，强行去改变一些事情不见得能成功。弟弟的公司最后还是倒闭了，不仅欠了一屁股债，之前稳定的工作也丢了。

这就如同我身边的很多朋友，在做自己工作的时候总是埋怨着不肯好好干，看到别人的工作比自己好的话，立马就跳槽过去，结果因为自己不懂行业技术，不仅工资比之前低，还要重新开始。

而和他之前一起进公司发展的人，虽然工作上有些不如意，但还是咬牙坚持下来了。等他跳槽过去好不容易工作有些起色了，他之前的同事也已经在行业里做出了一番成绩。

在前进的路上，沿途的景象总会让人迷了双眼，但是不要停下自己的脚步。沿途的美景只是为了点缀我们的人生道路，我们每个人都应坚实脚步，认准一条道路走下去，才会发现更加美好的景色。

所以，请时刻记住自己身下的"坑"，只有先扎稳自己的根部，才能长出枝繁叶茂的大树。

别怪我无心地做了件有心事

　　写这篇文章的时候我刚刚从朋友父亲的葬礼上回来,眼眶的泪还有些温热。

　　说起朋友的这位父亲,严格上来说应该称之为继父。和朋友相熟的人都知道,朋友的父亲前些年就患了癌症去世了,朋友的母亲一个人拉扯朋友长大,直到退休了才经人介绍认识了现在的老伴。

　　其实朋友并不是很喜欢他的继父,刚开始母亲将他带回家吃饭的时候,朋友就找了个借口没有回家,而是跑到我的公司里,找我喝了一晚上酒。

　　每个人心中的父亲都是无可替代的,哪怕是朋友的父亲去世了那么久,他都没办法让自己接受一个陌生人为父亲。

　　朋友的母亲经常一个人坐在家中看电视剧,老太太人比较内向,也不爱出去串门聊天,时间长了未免有些寂寞。朋友很清楚,母亲年纪也大了,因为自己常年在外奔波,根本照顾不到她老人家。有时候家里的灯泡坏了,她的母亲还要点上蜡烛等第二天物业上班了再来装上。

作为父亲的儿子,他没办法接受把自己的母亲交给另一个男人,作为母亲的儿子,他又没有让母亲孤老的权利。

于是在这种纠结下,朋友逐渐接受了这个木讷的小老头,不时回家看母亲的时候,总是"陈叔陈叔"地叫着。但在他的内心深处,还是出于本能的抗拒。

在他们一家人的聚会上,朋友专门定了一家豪华的五星级酒店,那天陈叔刚刚结婚的儿子也带着儿媳妇来了,朋友站起来敬酒,表面上兄弟叔叔地称呼着,说着第一顿家宴要体面些,其实是想给对方一个下马威。

看得出来那天陈叔吃得有些不自在,看着一道道菜上来的时候,拿着筷子小心翼翼地夹着,生怕掉了一块肉。回来的路上陈叔和朋友并肩走在回家的楼道中,说既然成了一家人,就不用这么讲究,以后随便去路边摊吃个饭就行,挣钱都不容易。

朋友嘴上答应着,却在酒局上对我们说:"他是谁啊,又不是我亲爸,管我那么多,也不看看是谁。"边说着,眼眶还有些红。

陈叔对于朋友来说,确实是看不上眼的。陈叔年轻时是位工人,后来因为自己厨艺出色,辞掉工作开了家小饭馆,干了半辈子厨师。而朋友的亲生父亲生前是公务员，老爷子在世时精神也好，穿着体面，是个讲究的人。这样一对比，陈叔却是有些不如了。

这也是朋友接受不了他的很大的一个原因。但是陈叔也不全是缺点，在几次接触中，陈叔一直给人朴实善良的感觉，并且厨艺了得，水准不失星级饭店的厨师。

朋友刚开始还一点不愿意承认他的厨艺，但是吃了两顿陈叔做的饭之后，也不得不称赞陈叔的手艺。于是常常借着回家看母亲的名义，买一堆食材让陈叔做上一桌饭菜，要比外面吃得舒服多了。

尽管如此，在朋友眼里，陈叔说起来，还是算外人的。他很清楚母亲是看中陈叔会照顾人这一点，事实也确实如此，自己父亲在世时虽然事业有成，但是从来不会照顾人。每天哪怕母亲再累，也要不停地收拾着饭菜，而自己的父亲就在客厅看报看电视，从不上去搭把手。

而陈叔的到来，彻底结束了母亲一辈子在厨房忙碌的命运，并且脏活累活全揽下，从来也不说个苦。但朋友提起的时候，还总是说："陈叔就是一个照顾人的命，他不照顾人，谁照顾。"

真正让朋友改观的，是在朋友搬新家的时候，朋友请了一群同事按照习俗去家里摆了酒席，二老听了之后过来帮忙。陈叔忙前忙后，脸上高兴得像是开了一朵花。等到宾客散席后，我留下来帮朋友忙，看着陈叔自己把还没吃完的饭菜单独装在自己带来的餐盒中，朋友面子上有些挂不住，责备陈叔说："剩下的饭留着干吗。"他的母亲过来打圆场，说："陈叔这是看着你们都不容易，他能帮孩子省点就省点。"而陈叔却从未让朋友的母亲吃过半点剩饭，每次都是朋友的母亲吃新菜，陈叔在旁边就着剩菜啃馒头。

朋友的母亲一边解释着，朋友的脸色也缓和了许多。他送我们出来，站在门口说了一句话："我也不知道这样究竟对不对。"

对不对，其实朋友自己心中早已有了答案。自那天之后，酒桌上再也听不到他埋怨过陈叔这样那样的话了，而是开始讲起陈叔的好。

比如陈叔来了之后一直帮忙接孩子，家里无论是水管坏了还是家电出了些毛病，都是陈叔帮忙拾掇着。从朋友的语气中，我看到他对陈叔的好感越来越浓，作为朋友的我也欣慰了许多。

但是就在一家人气氛变得融洽的时候，陈叔突然病倒了。医生确诊是脑血栓，刚住到医院那会儿，陈叔躺在轮椅上一点都不能动弹。朋友从未想过像陈叔这样强壮的人会突然说病就病倒了，一时间，他忙着在公司和医院之间奔走着。

而这时陈叔平日里都见不到的儿子，也像平日里一样匆匆看了一眼，就再也没怎么来过了，却留下了一句话："我爸平时对你们这么照顾，所以我爸也拜托你们照顾了。"

朋友那时候才明白，自己一直不愿意接受陈叔，而陈叔却默默地照顾了他们一家，连自己的亲生儿子都对他们有了怨言。

治疗康复是一个缓慢的过程，平日里陈叔像一直转动的陀螺，一下子停住了脚步，难免会无所适从。他突然像是一个小孩子，每天倚在轮椅上，笑着笑着就哭了。

一开始朋友和她的母亲都十分积极地帮助陈叔恢复着，但是随着时间一点点地流逝，朋友也终于接受了陈叔是真的站不起来了的事实。而自己的母亲，似乎也在这个时候失去了耐心，从一开始每天在病房照顾着，到了后来两天都不来一次。

他没有指责母亲，因为两个人虽然住在一起，但是结婚证都还没领。陈叔一下子到了生活不能自理的状态，换作谁都要重新考虑考虑的。

朋友不知道该怎么办，母亲似乎是铁了心，要放弃陈叔了。朋友犹豫再三，不愿意让母亲当这个罪人，于是在即将出院的时候，对陈叔说："我母亲年纪也大了，照顾您也有些吃力，不然您出院先回自己家，我给您请个保姆，先照顾您一段时间。"

陈叔似乎是明白了什么，含着泪点点头答应了。那段时间朋友似乎像是变了一个人，一方面给自己的母亲做着思想工作，另一方面安抚着陈叔的情绪，当初那个对陈叔满是意见的朋友，现在比陈叔的亲儿子还亲。

在朋友的努力下，母亲的念头有些松动，而陈叔也在一天晚上，颤颤巍巍地从自家床头底下摸出一个陈旧的存折，递给了朋友。

陈叔并没有多少钱，朋友是知道的，或许是自己的一点心意，陈叔在递给朋友的时候，两个人的眼眶都有些红。

朋友还是接过了存折，第二天他把陈叔的亲生儿子叫出来，递给他说："这是陈叔给你刚出生儿子的礼物。老人家一直是爱你的，年纪这么大都不容易，以后还是多回来看看吧。"

结局自然是皆大欢喜，陈叔被朋友的母亲接回来，并且没多久就领了证。陈叔的儿子不时地带着刚出生的孩子过来坐坐聊聊天。陈叔在朋友母亲的精心照料下开始逐渐能慢慢站起来走两步了，而朋友和陈叔的关系，在这件事情之后，不是父子却胜似父子。

之后朋友提起来这件事时，总是感慨万分。很多时候我们往往无心做某件事，但是到最后，变得却比所有人都上心。他从未后悔过陈叔病后自己做的决定，如果不是当初自己的那个决定，他也不会明白，原来两个陌生人之间，也可以变得如亲人一样可以互相依靠。

不是所有人都可以待价而沽

有人说，这年头，每个人都是待价而沽的商品。每个人在人才市场拿着厚厚的简历，像沙丁鱼一样挤在市场里，寻找愿意高价把自己买走的老板。

但是每个人都能待价而沽吗？我想并不是。

回顾历史上能待价而沽的人，除了姜太公，还有诸葛亮，再无第三人，就连孔子，也是在不断的游说中，才找到接受自己学说的君主。

无论是诸葛亮还是姜太公，我们都能看到他们身上无人能及的治国之才。但是这样前无古人后无来者的谋士又能有几个呢。

还记得2009年的时候，搜狐以《除了文物谁有待价而沽的资本》为题，报道了一位学成回国的博士在菜市场摆摊的事迹。

拥有南开大学本科学历、美国纽约州立大学博士学位的孙爱武回国之后，却从未投出过一份简历。

尽管他相信自己是业内的科学家级别，这个头衔，足以让用人单位主动向他伸出橄榄枝。然而事情的发展并不像他所期望的那样，他从回国后便一直在北京海淀的一处农贸市场摆摊，并没有用人单位来聘请他。直到媒体报道此事之后，中科院院士才约见了他，但是由于双方在待遇方面的分歧较大，所以未达成共识。

不可否认的是这个博士有着诸多名校的教育背景，在世界著名的学术刊物上发表论文，也绝非等闲之辈，虽然人们同情他的遭遇，但是文章的最后也提出了："同情孙爱武并不等于赞同他这种'独特'的求职术，更不赞同更多的恃才傲物的人也如法炮制。"

除了文物，谁有待价而沽的资本？

确实如此，虽然待价而沽一直是中国文人所崇尚的入仕方式，甚至在很长一段历史时期内，姜太公渭水垂钓，隐居终南，而后被请下山，仕途高升的方式，被众多的知识分子演化为实现自己个人价值的途径。

但这只是农耕文明衍生出来的对美好事物的向往。随着工业化时代的到来，工作岗位越来越多，竞争也越来越大，待价而沽，也早已不适用于大多数人了。

人才市场上留学归来的高才生不在少数，在国内年纪轻轻便有自己一番事业的人也非凤毛麟角。但是所有人似乎都沉迷于自己的优秀中，等着企业单位主动联系自己。想来他们都以为自己有了骄傲的资本，就有了任性的权利。以为自己躺在家中大梦一场，醒来就有人高举聘请书求自己来公司上班了。

这种做法无异于守株待兔一样可笑，在你没有绝对的资本时，首先你要学会推销自己，才能更好地融入这个社会，这样才能找到一份更好的工作。

我的朋友刘峰就是这么一个典型的例子。刘峰出生在一个偏僻的农村，家中除了年迈的父母，还有一个弟弟，一个妹妹。因为家中贫寒，父母忙于生计，无暇教育刘峰，所以他不仅上学晚，而且他的反应要比班上的孩子慢很多。

在别人眼里，刘峰一直是个不算聪明的孩子。别人学习一遍就能学会的东西，他往往需要花上三倍的时间才能理解。而且由于长期被同学嘲笑，久而久之他变得极度不自信，常常一个人窝在角落里，也不跟人交流。于是，刘峰的"傻"名就在学校传开了。

其实，他很清楚自己在同龄人中并不占优势，所以平日里也比其他人都要努力。或许是刘峰的努力没有白费，被别人一直说"傻"的刘峰，高考成绩却要比那些说自己聪明的孩子好得多。刘峰也终于离开了家乡的山窝窝，去城市上了大学。

大学的生活并没有刘峰想象得那般美好，城市的消费要比自己的家乡高得多。每个月那一丁点的生活费还不够自己花，而且自己的弟弟妹妹也大了，花销也多了。

穷苦人家的孩子早当家，刘峰不仅要养活自己，还要为了他那年迈的父母分担家庭的重任。于是他每天在报纸上勾勾画画一些招聘的广告，想要闲时去打些零工，把省下来的钱都寄给了家里，供自己的弟弟妹妹上学。

但是工作哪里是那么好找的，缺人的岗位都是一些销售的职位，而刘峰是出了名的木讷和不善言辞。就连课堂上回答问题，他都红着脸说不出一句完整的话。也因此，刘峰没少在找工作上碰壁。刘峰无可奈何，只好找了一些发传单的工作先干着，但往往工作十几个小时，拿回来的只有一点微薄的工资。

销售虽然是个耍嘴皮的工作，但是提成也高，往往人家一天的提成，就能顶上自己辛苦一天的工资。看着自己的同学都在销售行业风生水起，刘峰心中的"小宇宙"，也在这个时候爆发了。

自此，刘峰开始了疯狂锻炼口才的过程。我们当时难以想象刘峰是怎么做出这个决定的，只知道这个平时看着不善言语的同学，突然励志得像是《国王的演讲》中的艾伯特王子一样，每天在英语角疯狂地练习着演讲。

这对于刘峰是个好的开始，随着他锻炼口才的开始，整个人也变得开朗了许多。记忆中当初那个见人就闪躲的刘峰，经过一段时间的练习后，偶尔还能看到他有些羞涩地主动和人打招呼。

他不断向公司投着简历，也不停地锻炼着自己的交际能力。整个人像是个不停的小陀螺，努力地鞭策着自己，最后到毕业的时候，他已经是一个侃侃而谈的销售经理了。

而其他那些嘲笑刘峰的同学，自认为条件要比他好得多的同学，最后混得还不如刘峰好。

刘峰一直贯彻着"笨鸟先飞"的理念，凭借着自己的努力和耐心，来弥补和其他人的差距。或许在很多人看来，刘峰并不是一块好料子，但是贵在他一直可以看清楚自己的定位，努力地去完善着自己，推销着自己。

想当初孔子带领弟子到各国去游说推行他的主张，没有人接受并重用他，但他并不灰心。弟子子贡以得到美玉如何处理问孔子，孔子毫不迟疑地回答："卖掉它，卖掉它，我正在等待识货的人出现呢。"

我们每个人都如同一块美玉，不要一味地待价而沽。在这个竞争激烈的社会，每个人都要学会适当地推销自己，因为并不是每个人都可以待价而沽。

可能有人说有价值的人不害怕之类的话，但是像上文说到的博士一样，想要待价而沽的机遇少之又少，还不如立足于当下，寻求一个符合自己定位的人生舞台。

人最终要负责的只有自己

安妮宝贝曾在《眠空》一书中说过一句话:"这一生,只有对自己来说是最重要的事情,对其他人不是。其实只有你对自己的生命负责。"

因此,我们应尽量保持真实和自在的状态去生活。不违背、不辜负,无须他人旁观,更无须他人同情,只需始终忠于自我。

有一位年轻人向我抱怨道,他说自己的人生从来就像他的父母所希望的那样,选择什么专业、上什么学校、找什么工作,都是家长说了算,而自己想要做些什么,总是被早早地扼杀在摇篮里。

这个工作也不是他喜欢的,他喜欢的是电子竞技,而不是像现在这样坐在死气沉沉的办公室,每天为了一堆表格而烦心。上司看他不顺眼,自己在职场混了五年也不过是个主管的位置。

于是我对他说:"那你可以转行去电竞行业啊,这不是你所希望的吗?"

他却说开什么玩笑,自己辛辛苦苦在职场混了五年,转行还要像职场新人一样从头再来,拿着微薄的工资,看着别人的脸色,他才不干呢。

其实他无非是在逃避而已。一个人可以用各种借口逃避自己内心的不舒服,也可以把成全他人当作无法实现自我的借口。

我们往往以为做好家长所希望的,如完成自己的学业、找一份稳定的工作、在恰当时间结婚、组建起一个家庭,每个人都在这条路上倾尽全力地努力着,这就是对人生的负责。

事实真的是这样吗?这样做的结果究竟是对谁负责?如果是对自己负责,为什么你并不快乐?

我们不妨去解开一个问题的答案。为什么很多人甘于平庸?原因或许是:一个人要对自己负责,成为一个独特的自己,就必须付出巨大的努力,许多人就是因为怕苦,怕麻烦,所以宁愿放松自己,成为一个平庸的人;同时,害怕自己追求优秀和独特,就会遭到讥笑、嫉妒,于是随大流。

借用易卜生的一句话:"你最大的责任是把你这块料铸造成器。"人生在世应该明白这一道理,人最终要负责的只有你自己。甘于平庸,害怕吃苦,用各种各样的借口来躲避退缩,并不是一个明智的选择。

我曾只身一人出去旅行,夜晚投宿在一家年轻人经营的青年旅社中。当时正值淡季,旅店里只有几个人,老板却是个很开朗的女孩子,招呼我们租客下来一起聊天唱歌。我们坐在大厅里,旅店老板兴起,从柜台上拿下一把吉他,给我们演奏了一首民谣。

老板是个高高瘦瘦的女孩,店里其他人都叫她王棉。我也是在这些旅客口中听到了关于王棉的故事,不免有些敬佩。

王棉的青年旅社聚集着一些志同道合的合伙人,其中每个人都来自社会中不同的行业,其中有老师、记者,还有些IT精英。就是这么一群人,组建起了一支追梦的队伍。

王棉是这个团队的创建者,但让人想不到的是,她大学毕业于一所高校的土木工程专业,从小是一个乖乖女,父母让她报考哪一所学校,她就报考哪一所学校,父母让她找什么工作,她就去应聘哪一家单位。在父母眼里,只有找到一个稳定的工作才能有一个稳定的人生,所以在王棉二十年的生活中,一直在走着父母所希望的路。

但是这种路走久了,难免会有些迷茫。王棉虽然如父母所希望的那样进入了一家国企单位,但是每天朝九晚五的模式,让她怀疑自己人生的意义到底是什么。于是她思考着,直到在朋友的带领下接触到了民谣和旅行。

似乎每个人心中都有那种"以梦为马""面朝大海，春暖花开"的文艺情怀。王棉在朋友的带领下，逐渐发现了自己对旅行似乎有一种狂热的追求。

于是在这种狂热的驱使下，她背上行囊，说走就走。从未出过远门的王棉对旅行还是有些胆怯的，尤其是一个女孩子，独自旅行总是有些孤单的。

让人欣慰的是，在她的第一次旅行中，便认识了现在的这群好友。王棉和她的朋友也是在一家青旅认识的，那晚她自己翻来覆去睡不着，就下楼去准备喝杯牛奶放松一下精神，一下楼就看到这群朋友在唱民谣，整个气氛热闹欢快。

王棉说，那一瞬间，她感觉自己一团死寂的人生，突然被点亮了。性格开朗的王棉很快就融入了这个环境，自然而然地，她也认识了一些和自己志同道合的朋友。

他们来自不同的行业，常常因为共同的目的地而相约去旅行。直到有一天，王棉提出来要开一家青旅。

开一家青旅是她和朋友们一直想要实现的梦想。这个种子从种下就在王棉的心中不断地生长，直到有一天它破土而出。

国企那种死气沉沉的工作并不是自己想要的，王棉想要的是一个充满着欢乐和冒险的人生，而开一家青旅，是她的梦想实现的第一步。

她的父母自然是拒绝的，而王棉也似乎拿出了自己二十多年从未抵抗过的倔劲，那是王棉生平第一次反对父母，她毅然地辞掉了自己的工作，埋头来到了自己向往的城市，买了一间临海的民居。而她的朋友知道后，也纷纷加入到了这个改造民居的计划中。

打通墙面，重新粉刷，按照自己设计的模样一点点地装饰着这个小屋，这几个本应该在办公室穿着白衬衫敲打键盘的年轻人，那时候却经常满身泥土地奔走在市场中，每一块木板，每一个钉子，都是他们精挑细选，开着三轮车拉回来的。

这一过就是半年，他们最初买下来的只是个空壳子的民居，被打造成了一个干净且文艺的青年旅社。于是这些人从天南海北赶过来，放弃自己的工作，又重新聚集在了一起。

或许追逐梦想的道路是困难的，我们要克服种种阻力来实现自己的梦想，诚如乔布斯曾说过的一段话，放在这里再应景不过：

"你的时间有限，所以不要为别人而活。不要被教条所限，不要活在别人的观念里。不要让别人的意见左右自己内心的声音。最重要的是，勇敢地去追随自己的心灵和直觉，只有自己的心灵和直觉才知道你自己的真实想法，其他一切都是次要。你是否已经厌倦了为别人而活？不要犹豫，这是你的生活，你拥有绝对的自主权来决定如何生活，不要被其他人的所作所为所束缚。给自己一个培养自己创造力的机会，不要害怕，不要担心。过自己选择的生活，做自己的老板！"

我们为什么常常去羡慕别人，是因为自己不敢尝试，总是因身边各种各样的阻碍而放弃。但是很少有人愿意静下心来想一想，我们为什么就一定要活在别人的观念中呢？我们每个人都是独立的个体，我们也有权利去决定自己未来如何生活。他们指点你的人生，但是他们并不会因为你过得成功与否而对你负责，人最终要负责的只有自己。

你就是自己的太阳，无须凭借谁发光

有一个朋友在工作失利之后向我抱怨："我感觉自己就像是被整个世界遗弃了一般，没有人看中我，也没有人在乎我。我像是个透明人，一个人行走在拥挤的人群里，暗淡的像是快要熄灭的烛火。"

人在沮丧时的心情总是相近的，其实我和他一样，也有过这么一段时间，一度怀疑自己是不是被上天遗弃了，为什么自己的努力从来没有被注意到，为什么从未有人看到我身上的闪光点。

其实每个人都是孤零零地来到这个世上，但每个人都是一颗温暖的星球。做好自己生命的主角，无须在别人的生活中跑龙套，你就是自己的太阳，无须凭借谁发光。

《西游降魔篇2》打响了贺岁片的第一炮。我身边每个看过这部电影的人都会说，看了这么多年星爷的影碟，我们都欠星爷一张电影票。

我对香港电影最早的印象,就是来自周星驰。当年周润发和周星驰的《赌侠》曾一度风靡大陆。还记得那时候我和朋友们曾一下学就站在影碟店的门口,看着周星驰的电影开怀大笑。也不知道是那个年代影片太少,还是周星驰的影片有太多经典,时隔多年,再回想起那时候的电影,印象里除了周星驰,就再也没有别人了。

2013年,《时代周刊》将周星驰评为"亚洲英雄"时写道:"如果说中国有查理·卓别林的话,那就是周星驰。"

周星驰在近些年一直扮演着成功者的角色,他的无厘头的喜剧电影风格开创了电影喜剧的新篇章,还有他自导自演的周氏喜剧的经典影片,如《大内密探零零发》《功夫》《大话西游》等,都成为一代人深刻的记忆。

然而并不是所有人从一开始就是成功者,成功本来就是个缓慢而又艰辛的过程,周星驰也不例外,为了走上这个横扫亿万票房的大导演的位置,他比所有人付出的都要多。

周星驰出生在香港九龙的穷人区,在父母离异后和姐姐妹妹一起跟着母亲长大。他的个性并不突出,书读得一般,但是从小却有一个演员梦。

在大学毕业时,他如愿进入了自己梦寐以求的影视圈。然而,刚入影视圈的艺人并不好当,周星驰带着对演艺事业的热爱投入其中,让他没有想到的是,随之而来的是长年的跑龙套生涯。

回首早期的香港电影,其实多多少少都能看到周星驰的身影。其中让人印象最深刻的,是1982年的《天龙八部》以及1983年的《射雕英雄传》。

《天龙八部》中,饰演萧峰的梁家仁率领十八名随从上少林寺,在原著中称他们为"燕云十八骑",周星驰就是他们其中的一员,当众人指责萧峰时他上前一步欲为申辩,被萧峰挥手制止,这部戏中,周星驰没有一句台词。

随后在《射雕英雄传》的第一部"铁血丹心"中,周星驰一共出场两次:一次是扮演宋兵乙,在大街上追捕丘处机,遇到了郭啸天和杨铁心,有几句对白,搜刮了两人几两银子;第二次是去郭杨两家搜屋,连拿带抢,最后被郭杨二人杀死了。后来还在第七集中饰演了一个被杨康送去给梅超风练功的囚犯,惨死在九阴白骨爪下。

不理想的龙套生活并没有打败周星驰,他在影片中反而更加积极地表演了。哪怕是一个台词都没有的角色,周星驰也在用自己的方式生动地诠释着。后来周星驰转行,将重心放在影视业。但是影视业并没有比之前好多少,依旧是些小角色,一些没有几句台词的群众演员。

或许是他的努力终于得到了别人的注意。1988年,周星驰在disco舞厅遇到李修贤,李修贤当时是电影圈的大导演,他对这个年轻人还有些印象,于是回来问他的姓名,并且说自己的新戏还少一个年轻角色,问他有没有兴趣。周星驰自然是答应了。

这部电影就是《霹雳先锋》,周星驰在里面扮演一个浪荡江湖的小弟,并且凭借这个角色,使他拿到了金马奖最佳配角奖,也让他获得了金像奖最佳配角和最佳新人双料提名。

是金子总会发光的,没有谁会一直在生命中扮演跑龙套的角色,周星驰就是这样,从而开启了他无厘头喜剧的人生。

1990年,导演王晶邀请周星驰合作同类型电影《赌侠》,与《赌圣》一起名列全年票房榜的冠军和亚军。周星驰在这短短几年的时间里全线飘红,成为影坛最为抢手的演员,连昵称也由"星仔"变成了"星爷"。

不管别人怎么说,那个曾经不得志的跑龙套专业户,也终于像他在电影中饰演的那样,完成了小人物的逆袭,变成了喜剧之王。我们也在感慨的同时,还了他一张又一张的电影票。

人生本来便是一场电影,主演的位置永远是留给那些懂得自己人生价值的人。跑龙套的人,通常都是暂时还认不清自己定位的人。

想要获得万丈光辉,想要拥有灿烂的光芒,唯有做自己的太阳,才能获得成功。同理,依靠别人是不可靠的,过分依赖他人，等他人一旦离开之后，那么你也将什么都不是了。生活中总有些稀松平常的小事，经历多了也就明白了。所谓依靠他人，还不如依靠自己。

我写这篇文章的时候，身边的朋友王琳正在和她的男友闹分手，失恋的日子不好熬，王琳每天在朋友圈能发十几遍伤感的段子，但也没见她从失恋的阴影中走出来。

听别人说他们分手的原因很简单，无非是男方变心了，想要结束这一段感情。周围的朋友都在劝她，既然变心了就不要再纠缠了，一味地挽留换不回一个好结果的。

然而王琳并不觉得，而是将所有的责任都揽到了自己身上，她每天活在自责中，改掉身上所有男朋友不喜欢的习惯，每天做好男朋友最喜欢喝的粥，在小区的楼下等着他回家。

遗憾的是，王琳的做法并没有得到男朋友的认可，刚开始还感觉有些惭愧的男友，到最后已经毫无顾忌地领着新欢回家，而王琳在一次又一次的付出中，从未得到一次回报。摔得多了自然也就知道疼了，王琳开始收回自己的心，将重心放在了工作上，最终遇到了一个珍惜自己的人。

就像是电影《非常完美》中的苏菲一样，苏菲不甘心被自己的男友抛弃，于是想出一招又一招，想要挽回自己的男友。这个平日里原本自信可爱的女孩，早已因枯萎的爱情而变得卑微敏感。

苏菲就是一些女孩子的缩影，她们在追逐爱情的道路上不断寻找着，逐渐也迷失了自己。他们渴望寻找一个人照亮自己的世界，但是最后发现，能照亮自己世界的，不是其他人，而是自己。

人生成长中定会迷茫，前行的路上必定伤痕累累，摔疼了总想找个温暖的怀抱依赖，但是需要时刻谨记的是，不管怀抱有多温暖，路途有多温暖，都不要迷失了自我。

每个人都是自己生命中独一无二的太阳，不需要借着谁发光，依靠自己，同样可以照亮自己的人生道路。

Part 7 心大了，舞台就大了

低头也是一种进攻

古人云：至刚易折，上善若水。

两千多年前的一天，在古希腊充满哲思的土地上，一个年轻人向苏格拉底发问："天与地的距离有多高？"

苏格拉底答道："三尺。"

年轻人不解，说："可我们许多人身高都在五尺以上啊。"

话音刚落，苏格拉底就笑笑说道："所以人要先学会低头啊。"

我们从小所接受的教育就是永不低头、永不言败、迎着困难向前冲，否则你就是懦夫。殊不知，伟大的先哲早就在几千年前将智慧留给了后人，虽看似是一句普通的话语，但"学会低头"正是一种聪明的处世之道，是一种大智慧、大境界。

戏剧性的是，人性是固执的，做到低头也是蛮困难的。

当年我年轻的时候，也曾一味地昂着头生活，一直硬撑强做，一直坚持着"宁为玉碎不为瓦全"的精神。到最后，其实不仅伤害了别人，也断送了自己。

后来长大了，也成熟了，就像是谷子成熟了，就低下了头，向日葵成熟了，也就低下了头。学会低头，也是一种成熟的表现。

小杨刚来公司的时候，还是个小刺头，整个人充满干劲，仿佛什么都不能成为他前进路上的阻碍。于是我们常常在办公室能够看到他和上司据理力争的样子，也经常看到他在工作上和同事争吵的身影。

年轻人有一点自己的想法是一件好事，但不管是在职场，还是社会，一直太过自我，什么时候都舍不得低头，未免就有些过了。

还记得一次公司有一个宣传推广活动，正好小杨所在的小组负责这一部分，于是经理就把工作交给小杨，让他出两套宣传方案。

这是小杨第一次独立做一个方案，大有摩拳擦掌、大干一场的架势。小杨没日没夜地工作着，基本用上了他在大学所有的理论知识，写了满满几十页的策划方案。当时恰好经理找到他，要求看一下方案的进度和内容。

小杨满心欢喜的将方案交上去，详细地讲解了一遍自己的策划。看着他侃侃而谈的样子，仿佛眼前已经看到了项目成功的景象。但是意外的是，方案被经理退了回来，还指出了好几处需要改善的地方。

小杨当时傻了眼，他认为自己的方案是进行了严密推理和数据调查之后，留下了最能发挥宣传效果的两套方案，但是经理一上来，就要他修改方案，并且修改之后的方案势必会影响最后的宣传效果，一时间小杨站在办公室，倔劲又上来了。

经理这次难得有耐心地跟他说清楚了情况，原来是赞助商的要求，必须要有几个地方看出来他们赞助的广告，而小杨一开始做的时候没有注意到这里，所以导致了方案的偏差。

小杨看着自己好不容易做出来的方案几乎要重新修改的时候，心中不满，他坚持认为只有自己的这份方案才完美，如果加上赞助商的一些要求只会影响宣传的效果，小杨坚持着自己的方案，说什么也不肯改动。

经理自然是动了怒，拍着桌子让小杨走人，当场宣布将小杨接手的所有方案都交给了另一组的同事。

小杨万分沮丧地从办公室出来，坚持自己的方案没有错。但他看着同事间幸灾乐祸的样子，第一次对自己一直坚持的东西产生了质疑。

从小父母和老师都教给他有了困难要迎头而上，要坚持自己的观点不要被他人动摇。但是显然，这种思想，并不是在所有情况中都适用的。

同事把方案做得非常成功，既照顾了赞助方，也照顾了自己公司的利益。他看到同事不断地在退让中谋求自己的最大利益，仿佛看到了自己失败的原因。

也就是那次，小杨突然明白了，适当的低头，也是一种智慧。自己之所以丢了项目，也没得到同事的认可，正是因为自己在一些事情上太固执己见，不懂得半点退让。

其实有时候，低头也是一种前进。我们许多人都将勇往直前作为自己一生的教条，甚至为了这个教条愿意去牺牲一切。但是我们仔细回想一下，很多事，学会低头，受到的伤害反而会少很多。

美国科学家富兰克林把"记得低头"，作为毕生为人处世的座右铭。他在年轻时曾去拜访一位前辈，那时候他年轻气盛，挺胸抬头地迈着大步，一进门，头就狠狠地撞在了门框上，出门迎接的前辈看着他的狼狈样，笑笑说道："这是你今天拜访我的最大收获，要想平安无事地活在这世上，你就必须时时记得低头。"从此，富兰克林就将"记得低头"作为自己为人处世的原则。

古语有一句话叫作："以退为进。"我们都知道在大雪纷飞的山谷里，唯有那些懂得弯曲枝干的雪松才能不被积雪压垮。韩信曾忍受胯下之辱，之后驰骋沙场，奠定了大汉王朝安定繁荣的基础；越王勾践也曾卧薪尝胆，秘密筹划，一举击败了吴王夫差。低头不是妥协，也不是退缩，更不意味着失败，而是暂时的退让，也是巧妙的迂回。

生如夏花,莫开半夏

我相信自己,
生来如同璀璨的夏日之花,
不凋不败,妖冶如火,
承受心跳的负荷和呼吸的累赘,
乐此不疲。

这段话来自泰戈尔的《生如夏花》,孤独的我走来,只为了华丽的绽放。人生在世,会遇到各种挫折,艰难困苦,冷嘲热讽。有时困难如同歇斯底里的野兽,张开它的血盆大口咆哮着,或许我们在困难面前曾吓得瑟瑟发抖,或许曾面对冷嘲热讽,心灰意冷,痛不欲生。

其实我们每个人大可不必在意这些,既然生在这世上,就应当努力地绽放,不管经历了多大的挫折,不管外界对于你是怎样的评价，你一定要坚持做好你自己，生如夏花，就应当绚烂，万万不可只开半夏。

每一个生命都是有意义的，每一个事物都有自己独特的生命物语。哪怕人生诸多不如意，也应该尽力让自己的生命如同花朵一样灿烂，不要在风雨的摧残下，轻易折了腰。

喜欢海明威，喜欢他的所有作品。《太阳照常升起》《老人与海》《永别了，武器》……我曾在那段艰难的岁月中反复地咀嚼，苟延残喘地熬过寒冬。

海明威作品中的主人公像他本人一样，体现出他"准则英雄"的硬汉精神。我还记得在《老人与海》中，海明威曾说过一句话："你尽可把他消灭掉，可就是打不败他。"

《老人与海》是一部融信念、意志、顽强、勇气和力量于一体的书，它围绕着一位老年古巴渔夫，与一条巨大的马林鱼在离岸很远的湾流中搏斗而展开的故事。老渔夫一连八十四天都没有钓到一条鱼，但是他却不肯认输，终于在第八十五天调到一条身长十八尺的大马林鱼。大鱼拖着老渔夫的船往海里走。老人即使没有水，没有食物，没有武器，他的左手抽筋，但依然紧紧拉着大马林鱼不放手，在经历了两天两夜的搏斗之后，他终于杀死了大马林鱼，并且将它拴在船边。

许多鲨鱼来抢夺他的战果，他一一杀死它们，最后只剩下一支折断的舵柄。即使大马林鱼依旧没有逃脱被吃的命运,但是老人也仍然将他的鱼骨拖回来,向别人炫耀着自己的战果。

老渔夫身上体现出的坚不可摧的精神力量,影响着我走到今天。风烛残年的年纪并不是老渔夫放弃的理由,就像是困难从不能成为我们软弱的借口。

生如夏花,莫开半夏。既然决定了向前走,就只顾风雨兼程;既然选择了坚持,就不要半途而废。我们每个人都是独立的个体,只有自己才是自己生命中的太阳。

王叔是我父亲的一位挚友,我们两家十分要好,王叔长得高高瘦瘦的,为人十分和蔼。因为常年在外经商,每次回来之后都要找父亲喝上两壶,然后从口袋里拿出一些我们从未见过的糖果和玩具——发下去。

在我的印象中,王叔一直是一个非常乐观的人,他对每个人都是一副笑呵呵的模样。但是这样乐观的人,却得了肾衰竭。

当时正值他事业的起步阶段,刚和别人一起合作了一个新的项目,每天没日没夜地工作着。可我也无法忘记他刚查出来自己病情的时候,每次找父亲喝酒,经常喝着喝着就红了眼眶。

这个消息对于王叔来说是一个巨大的打击,他开始犹豫、彷徨,思考着生命的价值。他的孩子还小,父母年纪也大了,如果自己真有什么三长两短,这个家也就完了。

很多事想开也就好了，悲伤了一段时间之后，他逐渐振作起来，告诫自己，悲伤一天也是一天，快乐一天也是一天，为什么不高高兴兴的呢。于是，王叔尽力忘记自己的痛苦，积极地进行治疗。

治疗的过程自然是痛苦的，王叔每隔三天就要去医院进行一次血液透析，一个月下来，透析的费用就成了一个大问题。于是，他又捡起来自己的事业，开始重新创业。事业的起步阶段自然是艰苦的，很多事情都要王叔亲力亲为。王叔一边努力地和病魔做着斗争，一边争分夺秒地工作着。有时候因为太过专注，甚至都把自己的病忘得一干二净。

他怀着对生活的希望，努力前行。即使臂膀因病而变得萎缩，胳膊上也因为长期治疗经常青一块紫一块，但是王叔似乎从未遗失脸上的笑容，也从未放弃过对生命的热爱。

王叔常说人活在世，就要努力地过好每一天，活出自己的价值，不能轻言放弃。随着他的努力，他的事业也开始有所起色，工厂越来越大，而自己也终于在死神的面前夺回了一条命。

生命给予我们的，不是放弃的权利，而是对生命高歌的自由。生命不应该平庸地度过，是生命，就要轰轰烈烈、无怨无悔。

我国著名的残疾人作家史铁生，年轻时便双腿瘫痪，后来又患肾病发展到尿毒症，只能靠透析维持生命。他也曾在肉体和精神的煎熬中，想要结束生命。但是在他的作品中，我们读到了他对生命的拷问和对人生意义的探求，那是属于他对生命的态度。

前两日读到史铁生先生的《病隙碎笔》，中间有这么一段话，让我感触颇深：

"上帝不许诺光荣和福乐，但上帝保佑你的希望。人不可以逃避困难，亦不可以放弃希望。恰是在这样的意义上，上帝存在。命运并不受贿，但希望与你同在，这才是信仰的真意，是信者的路。"

韩少功曾评价史铁生是一个生命的奇迹，在漫长的轮椅生涯里至强至尊，是一座文学的高峰，其想象力和思辨力一再刷新当代精神的高度，散发着一种让千万人心痛的温暖，让人们在瞬息中触摸永恒，在微粒中进入广远，在艰难和痛苦中却打心眼里宽厚地微笑。

我相信史铁生也在坎坷的命运中挣扎过，想要摆脱过。但是难能可贵的是，他真正领悟了生命的意义，用自己的方式在艰难和痛苦中前进着。

生如夏花，莫开半夏。是花朵就应该绽放，是生命就要精彩。既然人生给了你一条鲜活的生命，让你可以在风和日丽的夏天开出一朵璀璨的花朵，那就不要轻易凋谢。让我们带着对生活的追求，对生活的挚爱，来面对人生中的每一次风雨，迎接每一次挫折与失败。

你若盛开，清风自来

你若盛开，清风自来。

最初接触这句话还是在作者伊北对林徽因传奇人生撰写的一书中看到的，书的名字就叫作《你若盛开，清风自来》。

最早知道林徽因是在学民国史时，惊叹她与梁启超以及徐志摩三人之间的爱恨纠葛，而真正喜欢上她，是因为她一身的才气和一生"不堕落"的铮铮铁骨。

提到林徽因，所有人先想到的一个字，那便是"美"。我第一次见到林徽因的小像，连连感叹世上怎么会有这么美的人，林徽因年少时的美是一种东西方融合的美，她身上充满着东方韵味，又有些西方的立体感，她身上散发出来的气质，是一种飘逸、向上的气质。不同于今日艺人那样艳丽的美，而是像古时大家闺秀那样的美。

相貌美之外便是才学美。美貌早晚会消退，像是花朵一样渐渐褪去残红。但是才学不会，才学会使一个人散发着独有的魅力。林徽因后半生坎坷，美貌早已不如年少时期，但是在留下的影视资料中仍能看到，晚年的她历经磨难之后，仍散发着难以忽视的强大气场。就连她的女学生见到晚年的她，也被她的神容所折服。

有人说林徽因是民国时期的一个"文艺复兴式的人物"。其说法在某种程度上虽有些过，但是也大抵不差。林徽因学术涉及广泛，她读过经，留过洋。她不仅接收了中国旧文学的影响，还受到西方新思潮的冲击。她在诗歌、小说、散文、戏剧、绘画、翻译等方面成就斐然。她几乎标志了一个时代的颜色，也留下了所有美好的辞藻。林徽因后来醉心于建筑事业，也做出了相当高的贡献，并协助梁思成完成了《中国建筑史》初稿和用英文撰写的《中国建筑史图录》稿等一系列建筑学的著作。

人们提起林徽因往往只会被她身上的感情纠葛吸引了去，感叹梁思成、徐志摩、金岳霖这三位优秀的男人争先恐后地为她付出。然而等你真正走进林徽因的生活，了解她的人格魅力，你就会知道，这样的女人好比一朵花，她自身的魅力不仅仅展现在她美丽的外表上，更体现在她的人格和才情上。

我们都如同历史中的一粒微尘，与其哀叹、消磨、恐惧、惊异，还不如去做些什么，人生的结局并不重要，重要的是人生的过程。就像是林徽因，她追求高远，让人在乱世中忽略了她弱女子的身份，她奋发向上，辗转在战火中，贡献着自己的力量。人生当如此，你若盛开，清风自来。

还记得我身边有个朋友叫阿南，刚认识他的时候是在公司的年会上，那时候他刚来公司不久，认识他的人都说他性格内向，存在感很低，经常往办公室里一坐，就进入了半透明状态。

阿南不爱说话，也不爱喝酒。他感兴趣是一些游戏和动漫，而同事却对他所说的丝毫不感兴趣。于是谁也融不进谁的圈子，时间久了，阿南也被疏远了。

随着工作接触多了，我逐渐对阿南生出几分好奇。不时找他说两句话，阿南每次都很高兴，虽然他说的我也不太懂，但是看得出来他也很渴望和别人交流。

其实阿南并没有我想象中的特别。他的生活十分规律，每天准时上下班，几乎没有其他的应酬，也没有见过他和谁通话，他好像是孑身一人，连个朋友都没有。但是他的计算机能力非常强，我曾在短短的几分钟内看他成功解决了公司网站的病毒。

或许有才华的人都是孤单的吧，我这样想。阿南像是人群中的一股清流，独自散发着自己的光芒。但是好景不长，公司在随后的裁员中，率先裁掉了阿南。公司内的人员没有一个异议，毕竟让一个谁都不熟悉的人走掉，似乎无关痛痒。

我看到阿南自己一个人收拾了办公桌上的物品，缓缓地下了楼。他临走之前问我："是不是我太孤僻，所以才总是失败。"

我不知道怎么安慰他，其实阿南在计算机方面是个天才，他对代码和服务器的维护都非常厉害。我不忍心告诉他，仅仅因为有些不合群就是他失败的原因，这对一个人实在太过残酷。

从那之后，似乎阿南也长了记性。失业的他开始逐渐找朋友喝酒，一起相约踢足球，想极力融合进他们的圈子。我看过一张阿南和朋友们聚会的合影，现场气氛热烈，但是从阿南有些苦笑的嘴角可以看出，他并不快乐。

其实他曾告诉我他更喜欢动漫和游戏，更喜欢一个人宅在家里，在床上躺一天，刷一番动漫，打一天游戏。但是没有人能理解他，毕竟一个三十岁的男人，每天还看那些热血的动漫，每天只会打游戏，总会被人说成不务正业。

但是喜欢做自己的事情有什么不对吗？难道自己的性格有些孤僻就可以直接忽略他本身的才能吗？阿南不清楚，他没偷没抢，不愿意去合群，似乎就像是见不得光的老鼠。

在之后的几次历练中他总算明白了一个道理。人们总是喜欢合群的人，喜欢一起玩闹的人，喜欢事业心强的人，而他，化用网上的话来说，就是"死宅男。"

于是他丢掉了自己喜欢的动漫和游戏，和新同事一起去喝酒，去唱歌，去迎合所有他们喜欢的东西。酒有些辣，歌曲有些聒噪，运动他力不从心。即使他身边已经有了很多可以玩闹的朋友，在工作上也有了人帮助，但是他并没有多少成就感。

直到有一天阿南看到网上的一句话："你努力迎合别人的样子真恶心。"阿南就是这样想的，那晚他躺在床上思考了很久，在第二天天亮后，他决心推掉那些自己丝毫不感兴趣的活动，躺在床上松了一口气。

他依旧在自己的小房间内打游戏看动漫，即使一个人的生活，也并没有什么枯燥。有一天我无意间看到他经常玩的那款游戏的公司在招聘服务器工程师，便把招聘信息发给了他。

他如愿地应聘了，并且找到了一群真正志同道合的朋友，他们一起打游戏，看动漫，相约去看漫展，阿南也终于露出了笑容。

人生就是这个样子，你努力迎合别人不见得有多好，只有认清自己，像花朵一样绽放了，你的香气和甜美，才会吸引到清风和蝴蝶。

生活总是面临着很多选择，我们总是在面对困难的时候习惯寄希望于他人，希望命中有"贵人相助"，却总忽略了自己的努力。我们总在感叹为什么别人的人生道路就是那么坦荡开阔，为什么自己的人生道路就是这样崎岖难行。

可是你未曾见到那些人生道路坦荡开阔的人，为了让自己的人生之路好走些，他们披荆斩棘，搬山填海；为了让自己在面对人生路上的猛兽更加有战斗力些，他们翻山越岭，流血流汗，努力地让自己强大而有力量。

人生不要总是看到别人的生活有多美好，闲时静下心来好好看看自己，分析自己的优点和缺点，挖掘一下自己的内在和潜能。当你发现人生是为自己而活，并为之努力的时候，那便明白了人生的意义。

我们没有必要耿耿于怀

前两天有个同事向我抱怨,说他到现在都原谅不了当初伤害自己的那些人,每次想到这些都咬牙切齿,恨不得把他们拎出来打一顿。

我当时正好在看王利芬的访谈,想起了她在微博上说过的一段话:"当你看到曾经欺骗过你的人、打击陷害过你的人、伤害过你的人时,你若是心跳不加速、呼吸不急促、内心不起波澜、面部平静,说明你的人生正在走向可期待的未来。那些人在你的生活中已毫无价值,你已穿越人生的泥泞走到了自己的开阔地。人生苦短,阳光明媚的天空下不要花时间想你曾经遇到的不快。"

人生短暂,世事无常。我们又何须对自己的那些小事耿耿于怀呢?

别人讽刺你,伤害你,你证明给他看就好;生活上失败了，下次你只需更加努力便好。如果我们总是为了失去太阳的光芒而流泪，那么你还会失去灿烂的群星。所以我们无须为生活琐事而耿耿于怀，因为每天都是新的开始。

前两天我们大学班级里的团支书结婚，几乎全班的人都到齐了，其中也包括之前常常和团支书在一起争吵的班长，但此次两个人见面一团和气，丝毫没有大学时候那种剑拔弩张的紧张气氛。

大学时期我们班级比较特殊，别人的班级都是男班长女团支书。只有我们班不一样，班长和团支书都是女生。然而，所谓男女搭配干活不累，别人班级一团和气，而我们班，班长和团支书加上学习委员三个女生，几乎每天都是一台大戏。

班长一开始是想竞选团支书的，但是最后选票下来却以一票之差落选团支书，只好当了班长，然后就开始了她与团支书四年的互怼生活。大学的生活比较单调，尤其是学生干部的生活，一天天围着老师转，争来争去最后无非也是为了些评优评先之类的。

班长和团支书两个人都很优秀，每次都不相上下。于是到评优评先的时候，每次都能看到两个人明争暗斗，一个比一个表现优秀。偏偏学习委员看热闹不嫌事大，还在一旁煽风点火，每次到了年末班级评选的时候，总会看到两个人在评选大会上互相拌嘴，谁都不肯让谁。

两个人剑拔弩张的气氛，让班里的学生也不好受，常常两个人意见不同,即便底下有活动,都得看着两个吵完了,找到一个中立的办法,然后才开始行动起来。这样下来,每次我们班级不是参加活动晚了,就是抢不到观看活动的好位置。

就这样两个人不相上下地吵了四年之久,就连在最后的一次班级聚会上都差点要泼对方酒,并扬言老死不相往来。没想到这次团支书结婚,班长居然来了,并且两个人十分和睦。

于是,就座的时候我们开始打趣班长。

班长一脸淡然,说道:"当时总感觉一直看对方不顺眼,甚至私下也没少搞小动作,也一直为此耿耿于怀好几年,但是一毕业,感觉真的都不算什么。不顺心的事情多了去了,现在想想以前,反而是最单纯美好的时候。"

年轻时候总是单纯得可爱,在现在看来,以前耿耿于怀的事情,放到现在反而觉得有些傻气。人随着年纪的变化,随着经历的不同,心境也会变得和之前大不相同。如果每个人的每句话,生活中的每件事,你都耿耿于怀,那么你这一生,就会被这些琐碎的小事困住。

这世上不缺的是伤口上撒盐的人,少的是救死扶伤的医生。人生在世,不要指望有人能心疼为你扛下所有,我们要做的是迎着冷眼和嘲笑,盯着风霜和寒风,披荆斩棘,大步向前走。

我身边有个学弟叫孟华,人长得高高瘦瘦,也十分帅气,但不像是现在当红小生那种帅,而是那种很健康迷人的帅。在大学期间曾经一度是他们系里的系草，现在工作了也是公司里年纪轻轻就受重视的职员。

现在认识孟华的人都会说这个年轻人相貌好又有能力，但是熟悉他的人都知道孟华小时候长得很丑，并且一度十分自卑。

孟华小时候因为黑黑瘦瘦的，所以别人一直嘲笑他长得丑，并且孟华自己的母亲也常常抱怨，怎么孩子长得这么丑。孟华活在同学的嘲笑中，经常自卑而又伤心。老师看他不善言辞，也不爱跟小朋友玩耍，所以就让他当自己的课代表。

孟华受宠若惊，每次都积极地收作业，但是班上总有那么几个调皮的孩子故意不交作业，让孟华去他们的课桌前去找他们要作业。小孩子的玩笑总是不过大脑的，他们讽刺和嘲笑着孟华，然后在快上课的时候才将作业本扔给孟华。孟华也因此被老师找过去谈话了好几次，让他及时收全作业，后来孟华更加自卑了，甚至连上厕所都不愿意去了。

中学后，孟华终于摆脱了那个让他曾经一度深受伤害的环境，加上中学生发育比较快，他也终于长开了些，不像小时候那么丑了。

与此同时，年轻的心总是躁动的，在那个情窦初开的年纪里，孟华喜欢上班级里一个最漂亮的女孩子。他默默地付出着，以为那个女孩并不知道。

但是一次无意间，他听到那个女孩跟她的同伴说道：

"就那个土包子还想喜欢我，我才不稀罕呢。"孟华那颗刚刚想要绽放的心，突然像是被注入了一剂毒药，慢慢枯萎了。

后来，他将心思全部用在学习上，修剪干净自己的头发，也学电视剧男主角的打扮，尽量让自己不像是个土包子。学习压力大的时候他也去操场跑跑步，告诉自己早晚要给那些伤害自己的人一记沉重的耳光。

渐渐地终于有人注意到了这个男孩，长开的孟华干净帅气，常常在篮球场挥洒着自己的汗水，他的穿衣品位也越来越好，终于不被人嘲笑土气了。但是即使这样，自卑的种子依旧埋藏在孟华的心中，让他喘不过气来。

他只有优秀起来，才能让自己看起来不那么糟，不让自己成为那些人嘲笑的对象。孟华拼尽全力考进自己向往的大学，终于彻底摆脱了那些从小嘲笑自己的人。他在这个完全陌生的环境里散发着自己的魅力，向那些曾经嘲笑他的人证明着，自己也同样优秀。

有人嘲笑你是个失败者，那你就成功给他看；有人在背地里捅你刀子，那就认清他们，再也不见；有人嘲笑你土，你就努力打扮自己。

冷眼和嘲笑并不能打败每个人，我们无须为这些耿耿于怀。所有不曾打败你的，都是在为你的未来铺路。我们不仅可以拒绝那些曾伤害自己的行为，也要在以后的生活中，怀着温柔的心去对待每一个人。

唯愿无事常相往

"相见亦无事,不来常思君。"我忘记从哪个地方看到了这两句话,初读还没有体会,等静下心来咀嚼两遍,立刻有些倾心了。

徐迂先生说过这么一句话:"交友只是人生寂寞的旅途偶然的同路客,走完某一段路,他就要转弯,这是他的自由。在那段同行的路上,你跌倒了他来扶你,遇见野兽一同抵抗,这是情理之中的。路一不相同,彼此虽是关念,但也就无法援助,但是这时候彼此也就遇到新的同路客了。"

人生本来就是一个不断分离又遇见的过程,有些同路人走着走着就远了,有些人各奔东西之后便杳无音信,有时逢年过节发一遍祝福短信,突然感慨似是好久未见了。

早些年还将朋友分得很清楚,深交、知己、萍水相逢,似乎能按照友情的深浅排列出阶级一般。但是时间长了,发现所谓的深交知己，也慢慢联系少了，等过了很久再回头看的时候，感觉似乎已经许久不见了。

我有一位认识了十多年的朋友，年少时也曾一起翻过学校的墙头，追过班里最漂亮的姑娘，一起拌过嘴打过架，一起在青春的岁月里留下抹不去的回忆。

但是随着时间的流逝，彼此都醉心于事业。两个人最多的交流也开始仅限于朋友圈点点赞，一起在群里唠两句嗑。表面上岁月静好，说起来还有联系，其实私下每个人怎么样，都不得而知。

直到他得了癌症去世，我们才得到他的消息。我还记得那天是春日里最明媚的一天，我们赶到他家的时候，他就静静地躺在灵堂里，毫无生气。

也许是他走得太突然了，也许是我们太久没有坐在一起说过话了。他的病情那样严重，而我们却没有听到一丝消息。

葬礼上他的妻子红着眼眶，手中还牵着年幼的孩子，对我们说道："之前是王珂死活不让说，怕是让你们担心，但是现在王珂已经去了，虽然他不说，但是应该还是想让你们这些朋友送一送的。"

我们一群老朋友站在旁边红了眼眶，悔不当初。想起来我们有五年没见了，刚刚进入社会那几年，还经常号召着每年聚一聚，后来随着每个人的生活忙碌起来，每年到聚会的时候，不是人不全，就是聚会地点定不下来，最后总是不了了之。

在丧礼上我们围着桌子吃饭，喝着酒红着眼眶。最初怎么也吃不胖的瘦子已经快要二百斤了，之前说话总是结巴的华子也成了操持一口流利普通话的销售经理，当初班级最漂亮的女生已经嫁做人妇，再也没有当初动人的模样了。

时间如同一把锋利的剑，改变了每个人的模样。坐在一起的我们，像是一下子打开了话匣子，追忆着似水年华。但是一切都回不去了，王珂的离去像是一记重锤，敲在我们每个人的心口上。

唯愿无事常相往。这是王珂的最后一条朋友圈，当初我们还在私下评论说是不是要聚聚了，王珂说大概赶不上了。在此之前，他曾提出过要聚一聚，但是当时正值公司的年会，每个人都抽不出身，现在回想起来，后悔不已。

那种感觉实在是太痛了，痛到我再也不想提及这件往事。古人常说君子之交淡如水，从那件事之后，我只求无事常相往，莫要等失去了才后悔。

朋友如此，家庭也如此。从朋友葬礼回来的路上，蓦然想起了我的父母。记得那还是我年少时，因为常年在外学习和工作，常常醉心于和朋友的欢闹中，很少有时间回到家中跟父母一起吃顿饭聊聊天。

一是回家父母太过唠叨，刚开始还沉浸于自己回家的喜悦中，没过两天又该埋怨自己每天睡懒觉，不做饭。二是工作后的时间太过紧凑，经常只有周六日两天，光是来回家的路途，就要花上一天的时间，在家里的时间寥寥无几，都折腾在了路上。

就这样，慢慢地从一个月回一趟家，到了父母一直催我回家才能想起来回家的程度。父母虽然一直埋怨，但还是不忍心打扰我的工作，最后连催促我回家的次数都少了。

直到一天上午，我在会议室开会，父亲的电话突然打了过来，我下意识地挂断了电话，但是父亲那次很执着，不停地打，我挂了两个之后突然感觉不太对，于是暂停了会议出去接了父亲的电话。

年迈的父亲在电话那头哽咽着："你妈进去手术室三个小时了，医生说是个小手术，但是现在还不出来，我有点害怕。"

我一下子慌了神，忙安慰完了他，迅速打通了伯父的电话，让他帮忙过去看一下，然后买上回家的车票，连忙回了家。

幸好像大夫说的是一个小手术，虽然手术时间有些长，但是没有什么风险。回到家的我看到父母像做错事的孩子一样低着头沉默着，我虽然一肚子火，但是又不敢发出来。

"做手术这种事怎么你们俩都不跟我说一声就去了，万一出个意外呢？"我把父亲叫出去，说话语气有些重。

"这不是我们不想打扰你吗？医生说只是个小手术，没有什么危险……"父亲边说着边抹眼泪，哽咽得像个小孩子："幸亏没有事，不然我可怎么办啊。"

我哑然，抱着父亲红了眼眶。这件事情是我不对，父母身体不舒服，我竟然丝毫都不知道，就连动手术这种事，还是在做完之后赶了回来。我难以想象年迈的父亲一个人在手术室外焦灼等待的样子，也无法体会他当时是多么不安和害怕。

而我，却还在办公室打算这周末跟朋友出去玩，连跟二老打电话的心思都没有。

那晚我在亲戚的责怪和母亲的安慰中煎熬了一晚，看着父母逐渐花白的头发，看着父亲越来越佝偻的腰，我突然明白了之前的做法是多么愚蠢和不孝。

人总是在经历了风雨之后才幡然醒悟，有幸的是我明白得比较早，没有留下巨大的遗憾。杜甫曾在诗中说道："但使残年饱吃饭，只愿无事常相见。"

世事瞬息万变，我们总是在追忆着昨天，感叹着今天，惧怕着未来的明天。但是我们忘了身边的亲人，早晚有一天会变老的时候；忘了身边的朋友，早晚会感情淡了的时候。

与其等到那时候后悔痛苦，还不如在感情浓厚时，多多陪伴。人生风雨不过几十年，身边有可以陪你变老的人弥足珍贵。

Part 8

在浮躁的世界平静地过

自己别把自己吓怕了

"我不怕千万人阻挡,只怕自己投降。"

刚刚参加完体坛风云人物颁奖典礼的孙杨,在微博上写下的第一句就是这句歌词。孙杨确实是对这句歌词的完美诠释。记得孙杨第一次进入人们视线的时候还是在2012年的伦敦奥运会上,年轻的孙杨在男子400米自由泳决赛中以3分40秒14的成绩打破该项目奥运会纪录获得冠军,并改写了中国男子游泳项目无金牌的历史,成为中国第一个男子游泳奥运会冠军。

每一个"第一"都应该被铭记。我还记得伦敦奥运会那一年铺天盖地的关于孙杨的报道,国人的兴奋程度不亚于2016年女排重夺奥运会冠军。在之后的各个比赛中,我们经常见到这个个子高高的大男孩不断游走在比赛现场,成为中国游泳项目夺金的"保票"。

2015年，孙杨成为菲尔普斯之后历史上第二位蝉联世锦赛MVP的男子游泳运动员，也是中国男子游泳运动员第一位，甚至是目前唯一的一位奥运冠军。

每个人都知道他在赛场上的辉煌，却不知道这个奥运冠军在金牌背后的艰辛。2014年，他因为误服禁药而被官方禁赛三个月，并被剥夺了全国1500米游泳比赛的冠军头衔，随后澳大利亚也禁止他去澳大利亚训练。

我想那一段时间对于运动员来说是十分艰难的。那一段时间我们常常可以见到孙杨在每一次接受采访时说得最多的除了"对不起"就是"对不起"。民众的质疑和行业内的嘲笑让他一度深深地怀疑自己。

但是，他没有退缩，而是战胜了自己对各方面的胆怯，顶着各种压力坚持了下来。于是在2016年里约奥运会上，我们又看到了他矫健的身影。

人生本来就像一场修行，需要经历各种磨难之后才能圆满。每个人走向成功的道路上，都要或多或少地经历一些挫折，而战胜这些困难首先就是要战胜你自己。

人生最大的敌人就是自己，打败你的不是失败和困难，而是你自己内心深处的胆怯、不自信和轻言放弃的心。

前一阵子我负责一个作者的商业合作，万万没想到这个作者居然是我中学时候的同学周华。我们坐在一起喝酒到半夜，也是从那天晚上，我从他的口中第一次听到了他完整的故事。

我的同学周华在我的记忆中一直是个嗜书如命的人。他从中学就开始阅读各式各样的书籍，从中国文学作品到外国文学作品，从当下流行的作品到古典文学作品，从青春爱情小说到悬疑恐怖小说。往大了说，几乎没有他没看过的题材。

他在中学的时候曾专门买了个本子来记录自己的灵感和一些模糊的故事片段，我们在球场打球的时候，他就窝在教室的角落奋笔疾书，仿佛所有的事情都跟他没有关系。

虽然周华很爱看书，但是他似乎忘了作为一个学生的主要任务是学习，也忘了他的父母对他抱有多大的期望。

因为沉迷于自己的小说世界中，他的成绩跌倒了谷底，随之而来的是父母情绪的爆发。听说他的父母让他扔掉所有的书籍，并且保证要好好学习。

不知道那是怎样的一种抗争过程，等再次开学的时候，周华妥协了。在教室里再也看不到他的那些书了，也看不到他那本写满小说的本子。这种感觉大概就像是早恋，他必须要在两者之间做出一个选择。往往早恋都是失败的，对于周华而言，他的梦想也是。

周华下定决心要在高三下半年用尽全力考上父母所期盼的大学，早日逃脱这个与书籍"分手"的阶段。为了这个目标，他没日没夜地看书和做题。晚上蒙在被子里看书到最晚的那个，永远是周华。

离别是为了之后更好的相遇，很多时候，短暂的离别反而能让人清醒很多，能让人更加期待下一次的相遇。

周华一直这样安慰自己，在那段时间里，手电筒数不清用坏了多少个，笔芯一盒一盒地买，演算纸已经堆了厚厚的一摞。就在他觉得几乎要坚持不下去的时候，高考也到来了。

高考犹如一个学生时代的告别仪式，更像是人生中的一个考验。这场考试将决定一个人会在什么样的学校读书，也将决定一个人会遇到哪些朋友，甚至将决定一个人未来会过着怎样的生活。

高考结束后，周华考虑了许久，终于填报了一个离家很远的学校。

大学期间他终于开始进行自己的创作，将被父亲早已淘汰的那台笔记本电脑拿出来，一字一句地敲打着他早在中学就构思好的故事，虔诚得像是在做宗教的祷告。

在网站注册申请了作者后，他开始发表自己的第一篇小说，然后静静地等着读者的反馈。

然而，似乎命运总是喜欢这样，在你越期待的时候，它就越沉默。人们对周华的作品的反馈并不是很好，甚至可以用惨淡来形容，除了网站上那些和自己有着同样经历的作者来给他加油打气，就再没有其他读者，总的点击量加起来只有两百多。

网络文学的规模之大，作者之多，使他如同沙滩上的一粒沙，即使自己努力想发光，却不得不被周围的沙粒挤在了下面。

随之而来的是同学的讥笑。据周华回忆那是一段每天借酒消愁的日子，他几乎要放弃了自己一直以来所要追求的梦想。

就在这时，网站的编辑私信他，要不要签约，并且发给他一份合同。

每个人的成长路程并不是那么好走，路上的荆棘和泥泞会让你不断萌生退意，只要信念有一点动摇，战胜不了自己可能就会放弃前进的脚步。值得庆幸的是，周华走了出来。

签约一年后，他的作品一直不温不火，也没有赚多少钱；虽然毕业季悄然而至，不少身边的同学开始去企业工作，而他依旧为自己的梦想奋斗着。

梦想并不能当饭吃，当现实和梦想撞在一起，往往让人痛心。他没有稳定收入，甚至自己的温饱都不能保证。他的父母也开始从最初向亲戚炫耀转化成怎么还不去赚钱，当作者能赚几个钱。

于是，他收拾好自己的行李，找了一份工作。但在他看来，这份工作只是为了生计，他的梦想不能再破灭，无论再遇到多大的困难，他都要坚持。所以，忙完一天八个小时的日常工作，他就常常在晚上窝在自己租的单间内码字，一直到深夜。直到其他作者告诉他，在网上写东西是不行的，你要去出版社投稿出版，这样才会有更多的收入和知名度。

周华那时候才知道，有些际遇是要自己去努力争取的。随后的日子里他开始钻研出版的文章格式和特点，开始寻找各大出版社的投稿要求，开始整理他那本几乎一百万字的小说。

在修改完自己的作品之后，他整个人瘦了一圈。遗憾的是，这些付出所换来的回报并不理想。他投出去的稿子就像石沉大海一般，有的人看完之后直接拒绝，有的人根本就没有回复，有的人联系他让他修改之后，又不用了。

这就像是一个死循环。因为稿件不断被退被改，他焦灼而又烦躁，每天在放弃和坚持之间摇摆不定。他有时候也会怀疑自己到底为什么要这样。但是每当夜深人静的时候，他都会想到，这是他的理想，是他放弃了太多所换来的，是他真正想要的人生。于是，他又爬起来不停地修改着自己的稿子，也不断地在各个出版社之间投递着。

整整两年，投稿退了又改，他就改了又投。这时的他已经不是在与他人竞争，而是跟自己较上了劲，他要与心中那个被退稿吓怕了的自己一战到底。

鲁迅说过一句话："生命的路是进步的，总是沿着无限的精神三角形的斜面向上走，什么都阻止他不得。"

这次命运站在了周华这一边,一个星期后,他收到了出版社寄过来的合同。在和出版社编辑见面之后,他摸摸身上借来的西装,似乎感觉一切都值了。

其实,如果当时他因为室友的嘲笑而退缩,因为点击率惨淡而放弃,甚至是因为投稿无路萌生出胆怯而止步不前,那么在后来的作家界可能就再也没有这个人了。

工作会有的,面包会有的,爱情也会有的,只是需要时间,需要耐心,需要自己持之以恒、不惧艰难的信念。不要害怕失败,能打败你的,不是别人,而是你自己。

人活着，除了自由还有更多

人生在世，草木一秋。人生如同一辆刻满岁月花纹的马车，不急不缓地行驶着。我们疾步追赶，却不知道明天等待我们的是什么，不明白追赶的意义。

于是有人要问了，人活一生是为了什么？有人说自由，只有自由才能实现我们人生中的价值。

然而，人活着真的只是为了自由吗？我想并不是所有人都是这样认为的，我曾见过一些人为了爱情而穷其一生，为了亲情而放弃一切，为了梦想而四处漂泊。你能说他们活着只是为了自由吗？

自然不是，人生的意义是多种多样的，人活着也并非只有一种答案。如果你用一种固定的答案约束住你的人生，那你的人生也就没什么意义了。

我还记得林南刚来公司的时候，和所有的大学毕业生一样，浑身都是使不完的干劲，加班永远能看到他的身影，工作永远是他最积极，就连上级也对他赞赏有加。所有人都认为林南是个好苗子，肯定年纪轻轻就能坐上主管的位子。

事业爱情双丰收大概说的就是林南这种人，他来公司不出两年就成了所在小组的组长。与此同时，他也结束了和女朋友的五年爱情长跑，进入了婚姻殿堂。

结婚的那天林南搂着自己的妻子，红着眼眶说要爱她一辈子。我们在旁边起哄，说在座的兄弟都看着呢，说到可要做到。他的妻子在一旁害羞得红着脸，那时的我突然想到，大概这就是人生所求吧。

人这一辈子，无非是遇见一个爱你的人，和你终其一生。

所有的一切都像是故事里美好的剧本一样，林南的事业越来越好，他的妻子也在事业上有了起色，两个人相互扶持，梦想着早日能在这个大城市里安家。

但是甜蜜的日子总是短暂的，一个人迈进中年阶段后，就意味着要承担更多。林南的父亲突发脑出血，虽然竭尽全力抢救了回来，但是身体偏瘫，生活无法自理。

这个消息像是晴天霹雳，一下子撕裂了林南眼前幸福的生活。母亲年迈，无法一个人照顾父亲。而大城市的生存竞争太激励，他们根本没有能力将二老接到城市来照顾。

最后还是他的妻子提出了一个折中的办法，说要回去发展，她朋友说有个小学招老师，她想去试试。结果自然是录取了，他的妻子顺理成章地承担起了照顾父母的责任。

夫妻相隔两地，而且照顾父母的重担全落在妻子一个人身上。虽然林南每个月都会定时往家里打钱，但是一想到妻子一个人要带着年迈的父亲去医院检查治疗，一个人处理家中的各种事情，每次酒桌上，他都会红了眼眶。

我们兄弟看在眼里，却是爱莫能助，只能每次加班工作的时候多帮他分担点，让他能抽出休息时间回家看两眼。

但是这样还远远不够，思念和自责像蚂蚁一样噬咬着林南的心。终于有一天，他找到我们喝了一晚上的酒，临别的时候，他对我们说："我要回家发展了。"

我们虽然不舍，但也知道这是他权衡很久所做的决定。事业固然重要，但是对于他来说，家庭在他心中所占的比重更大一些。

第二天他收拾好所有的东西，就像他刚来的时候一样，抱着窄窄的收纳箱，装着他三年的拼搏，最后看了一眼这个曾经奋斗的地方，毅然地回了家乡。

这可能是最好的选择，不管是对于他来说，还是对于他的家人来说。人生总会有很多选择，有人为了追求名利金钱而奋斗，有人为了追求自由和梦想而拼搏，有人为了收获爱

· 227 ·

情和亲情而退舍。每个人的追求不同，每个人选择的道路也不同。

像我的朋友林南，可能很多人会说他傻，在事业的上升期抛弃了一切回到了家乡。但是我知道对于他来说，金钱和事业并不能作为他人生意义衡量的准绳，亲情和爱情才是他认为值得珍惜的。

人活着的意义有很多种，除了自由之外，还要去追逐自己心中的所爱。

这里的"爱"，或许是理想，或许是爱情，或许是所有你认为值得追求的事情。不要害怕会失去，也不要害怕追寻的路上荆棘密布。只要你想，未来没有什么是你做不到的。

我记得刚上大学的时候，学生会的秘书长是个女生，人长得漂亮，家境也好。因为当时在学校的表现十分优秀，很多用人单位都希望她毕业之后能到自己的公司来上班。

这位学姐曾经一度是我们所有人的榜样，大家都以为她会去薪酬最高的公司上班，然后过着白领的生活。但是让所有人意想不到的是，她却拒绝了所有公司的聘请，转而在毕业那年去了西部支教。

支教的日子自然是苦的。

我的学姐大抵也是如此，我看她在朋友圈里发的动态，她剪去了长发，脱下了漂亮纤细的高跟鞋，换上了沾满泥土的运动鞋，和孩子们手拉着手，每天早晚走在蜿蜒崎岖的山路上，一过就是三年。

但我们从未听到过她在我们面前叫苦，也从未看到她有过反悔的念头。她乐观积极，就像在贫瘠的土地上绽放的一朵花，灿烂而又动人。

后来我们聚会时再次听到她的消息，听说她现在依旧在支援着西部的教育事业，也听说她之前有回来的机会，但是因为舍不得那边的孩子，还是选择了留下来。

或许这就像她在最后与我们离别的时候说的，"每个人的人生有很多追求，我的追求就是去西部支教，因为这是我的价值，也是我的梦想所在的地方"。

对于这位学姐来说，人活着，就是为了追求自己的理想。我也常常问自己，一生所求到底是为了什么。

我见过有的人一生忙忙碌碌，最后却如梦幻泡影，临死之前后悔不已，感叹人生的短暂。我也见过有的人虽然一生执着一件事，但是临终前却心无遗憾，安详离世。

临死前都在悔恨的人，根本不知道自己的一生到底是在追求什么而忙忙碌碌过了一辈子；安详离世的人，到最后都在为自己一生所执着的付出而感到欣慰。

人只有经历过很多离别，看过很多故事，才会明白人活着的意义并不是一成不变的，也不是只有一个固定的答案。

人生的意义多种多样，有很多东西值得我们用尽一生来追求和阐释。

我们不必为了追求一个所谓的"答案"而忽略自己真正想要的。这样的人生，往往只会留下痛苦而不是幸福。

你越善解人意越有人在意你的委屈

有人说人生难能可贵的是遇上四种人：一个是有共同理念的人，一个是善解人意的人，一个是愿意分享生活的人，一个是可以白头偕老的人。

静下心来想想，确实如此。有共同理念的人可以在事业上与你一同拼搏，善解人意的人在你疲惫时给你力量，愿意分享生活的人给你带来生活的乐趣，白头偕老的人能与你相伴一生。

而我很幸运的是，从来到这个城市之初，就遇到了一个善解人意的老太太。

认识她完全是出于一个巧合，那时候我刚刚丢掉工作，在离职前，我平日里看着温和善良的老板用各种借口搪塞我，死活不肯给我开工资，我气不过跟他大吵一架，却毫无用处。最后我的薪水和奖金也被贪婪的上司吞得一干二净，第一次经历挫折的我沮丧地离开了那家公司，没想到的是，迎接我的是更大的挫折。

之后我在朋友的介绍下来到这个城市，没有经济来源的我租不起房子，只好租借在朋友家一间破落的小院子里。每天清晨六点我就要起床，然后坐一个半小时的地铁去商业区面试，但是生活并不像我预料的那样如意。

那一年是经济的萧条期，很多用人单位裁员还来不及，更别说招聘了。于是打算在这个城市扎根的我，在工作中屡屡碰壁。在这个陌生的城市里漂泊了半个月之后，我几乎要打消了寻找工作的念头。在接下来的日子里，我无所事事，终日与酒为伴。

有一天，我接到了面试失败的短信，心情低落的我在房间窝了一天，直到饥饿吞噬了我所有的意识，我才起床在楼下的便利店里买了一瓶廉价的白酒，准备找一家小馆子解决我的温饱问题。当时正值深夜，楼下的饭店都已经歇业，只有马路拐角的地方有一家小小的门面，还亮着微弱的灯光。我站在马路对面，犹豫再三还是推开了饭店的门。

我抱着自己买好的酒，闷头走进这家小餐馆，餐馆的椅子已经全部掀起来放在桌子上，地板擦得锃光瓦亮。听到我推门的声音，一位温和的老太太从后厨走出来，手上还沾满了洗涤剂的泡沫，看样子准备关门了。

我试探着问道："闭餐了吗？"

或许是当时我的语气太过悲伤,或许是那天老太太的心情比较好,老太太停顿了一下,赶紧擦掉手上的泡沫,重新穿上她那条有些破旧的围裙。

"还没有,想吃点什么?"她问。

然而我身上并没有多少钱,我努力地思索了很久,总算干干巴巴地说出来一个菜名:"花生豆。"

老太太没有说话,看了一眼我打开瓶盖的酒,转身走进了厨房。等一盘花生豆的时间要比我想象中漫长,老太太忙活了很久,终于从厨房里端出来两个我没有点的热菜。

我连忙摆手说:"您大概是听错了,我没有点这个菜。"

"我也正好没吃饭,你就当陪我这个老太婆吃一顿饭吧。"说完,老太太搬下来一把椅子坐在我对面,转身又从柜台的格子里,给我拿下来一瓶白酒。

她没有问我怎么这么晚才出来吃饭,也没有问我为什么一身酒气。她打开自己拿下来的白酒给我倒了一杯酒,将我来时身上带着的廉价白酒放在一边,开口说道:"不要总是喝廉价的白酒,身体容易坏的。"

虽然我十分清楚这个道理,但是身上的钱不允许我给自己提供更好的生活。老太太以自己的方式为我准备了饭菜和白酒,小声地训斥我怎么不珍惜自己的身体。

我被老太太训得有些蒙,但是心中莫名涌上一股温暖的感觉。老太太絮絮叨叨地跟我说起来自己的陈年旧事，感慨着生活不易。

那一天我不仅吃了一顿免费的晚饭，还捡起了人生的动力。我永远忘不了老太太如同母亲一样坐在酒桌的对面和我聊着人生的不如意，并且不断鼓励我勇敢地生活下去。

第二天我向小区保安无意提起来那位老太太的时候，保安说："那位老太太这些年一直这样，她就像是在自己家，每天没有固定的菜谱，自己想起来做什么菜，就炒什么菜。并且还会根据你身体情况给你做适合自己的饭菜，去那家餐馆就像是去了自己家一样，老太太很善解人意，人也很温和，这些年一直做得不错。"

后来我在那段时间每天晚上都会去那家餐馆吃饭，老太太确实像个家人一样对待每一个进店的客人。每个人在吃饭的时候都很融洽。

善解人意的人总是会得到很多人的关注。就如同这位老太太一样，后来听说她的老伴因为得癌症住了院，之前的食客纷纷为她筹款，总算是赶在死神之前做了手术，捡回来一条命。

做人应当如此，人际交往亦然。我有个朋友一直找我抱怨他每天的烦心事，不是因为今天客户不好对付，就是明天那个同事自己看不顺眼。很少听到他在你难过的时候安慰你，但是每次他一找你说话，肯定是他又来找你倾诉了。

就像是人们喜欢梧桐，它枝繁叶茂的时候看着颜色美、姿态美。夏日，烈日当头的时候，人们纷纷躲到它的阴凉下避暑，驱除夏日的炎热；雨天，繁茂的树叶挡住了绵绵细雨，为措手不及的行人遮风挡雨。

同样的，那些在你失意难过时安慰你的善解人意的朋友要远比只会找你抱怨倾诉的朋友受欢迎。

我想起我的表妹暑假的时候向我谈起在学校的实习中遇到的那些事。她们被分到一个县城里去教学，带领她们的都是一群资历很深的老师。刚去的时候一群小姑娘都很兴奋，觉得第一次当老师很新鲜，但是随后的一个星期内士气立刻就萎靡下来了。

校方看她们是一群年轻的学生，于是经常交给她们一些烦琐的工作，比如整理整理图书，带带没有人去接的微机课。还有很多老师看她们年轻，会让她们替自己盯自习、批改卷子，一天下来，她们除了吃饭，几乎没有时间歇着。

刚开始一些学生本来还感觉教课挺有意思，但是随后就不干了，不是整理图书的不好好整理，就是盯自习的跑回办公室歇着。但是只有表妹一个人认真地做完所有的事情，毫无怨言。

刚开始表妹也有些不解，感觉学校那么多老师为什么卖力干活的总是她们这些实习生，但是随后她也明白了。因为学校的老师都是一批上了年纪的老师，微机课已经不太会教了，图书虽然看着小，但是量大，很多老师已经力不从心了。而自己班级的一个老师因为怀孕不方便，表妹也经常提出自己帮这个老师上课，让她晚上能早点回家。

就这样，虽然表妹身边的同学和朋友都说表妹太傻了，这样善解人意反而会被人欺负的，但是表妹却坚信善良的人不会没有回报，依旧做好每一天的工作。

其实这些都是进入社会的第一课。社会虽然残酷，但是她教会你怎么成长。最后实习的成绩下来，除了表妹是优秀之外，其他人的分数都不理想。

还有表妹经常帮忙替课的那个老师，专门挺着自己的孕肚跑去商场给表妹买了一份礼物。其他人看到悔不当初，但也为时已晚。

所以很多时候我们总感觉有些事情你不做是理所应当的，那么你没有回报也是理所应当的。天上不会掉馅饼，但是你的善良也不会是徒劳的。

后来有一天看到几个同事在公司一直抱怨越善良却越被欺负的时候，我就会告诉他们："不是越善良越被欺负，而是越善解人意越有人在意你的委屈。或许你当时是很委屈的，但是给你工作让你帮忙的同事也在用他们的方式还回来。"

比如帮你分担一些工作，帮你带一杯你爱喝的咖啡，请你吃一顿饭或者是旅游回来给你带回用心挑选的礼物。

我们总感觉这个社会的各种不公平，不断想要得到一些回报而去有目的地做一些事，总感觉越善解人意的人就越容易受委屈，却根本没去想，其实你越善解人意就越有人在意你的委屈。

人际交往中都是相互的，你在他最渴的时候递给他一杯水，那么在你需要这杯水的时候，他可能会给你更多的帮助。前提是，你不去付出，怎么能要求别人在你需要的时候去帮助你。

不要总是把越善解人意就越容易受委屈这句话当作逃避的借口，不解你意的只是少数人，多半的人都会选择回报。只有你善解人意，别人才会在意你的委屈。

不要只用键盘敲打人生

人们都说现在这个世界很浮躁,想要做一些自己喜欢的事情太难了。

现实真的是这样吗?更多的人是信心满满地规划好了未来十年的人生目标,结果第二天六点起床去公园锻炼的第一个目标,就被扼杀在了床头。

得多时候,浮躁的不是这个世界,而是我们无法平静的内心。

前一阵子网络上曾流行一个词语,叫作"键盘侠"。网络上给他们的定义是部分在现实生活中胆小怕事,而在网上发表"个人正义感"的人群。在日常生活中他们常常不爱说话,但是一旦独自面对电脑键盘或者手机进行网络评价的时候,就会对社会各个方面大肆评头论足。

为此,我在看各大社交媒体时曾专门留意过这些群体。

有意思的是，这些人不仅在财经报道下方埋怨工资挣得少，还在教育报道底部批评中国的大学教育，甚至在一些社会新闻末端幸灾乐祸。总之，他们"有理有据"，买不起房责怪房价涨得太快，考不上好大学埋怨分数线定得太高，找不到女朋友抱怨这个社会太物质。

你说他们好笑吗？其实不是好笑与不好笑的问题，他们代表的是一种悲哀。

成功者不会让自己的时间有一丁点的浪费。我从未见过那些拿着高薪努力工作的人，整天在网上调侃。即便是一些普通人，基本也是一天工作八个小时，两个小时在上下班的路上，每天坚持锻炼，闲下来还会跟同事踢踢足球，打打篮球，读两本好书。中午和晚上的吃饭时间看看时政新闻，规划一下接下来的工作。

而他们沉迷于自己的世界，在工作上碌碌无为，一事无成。他们总以为自己是千里马，而没有伯乐相识。可是他们从来没有静下心来想一想，为什么同样的背景和条件下，自己和其他人却是云泥之别，一个天上一个地下。

成功不是嘴里说说而已，也不会因为你今天列出的一整张人生计划清单，就会走向成功。你不去做，只在电脑屏幕面前构想着自己的伟大人生之路，这与阿Q的精神胜利法又有何不同。

我有一位朋友的母亲已经六十多岁，她起早贪黑四十多年，供养了三位大学生，最后终于在家里最小的孩子毕业找到工作后，光荣"退休"了。

老太太的生活一下子清闲了下来，和所有退休的老年人一样，她早上去公园打打太极，下午一起去牌友家里打打牌，晚上遛弯跳广场舞。似乎所有退休的老年人都一样，喜欢在退休后干点自己喜欢的事，但是这位老太太似乎并不满足于打牌跳广场舞。

因为有一天，朋友突然问我，老年人去什么样的地方旅游妥当一点。

我确定当时自己没有听错，朋友说他家老太太有一天看到电视上的旅游宣传片，突然下定决心要出去看看祖国的大好河山。

老一辈人成长奋斗的年代，交通还没有那么便利，绿皮火车太慢，远的地方要颠簸几天才能到；机票太贵，很多人宁愿把这个钱省下来用于生计，也舍不得出去游玩一圈。

老太太一辈子去过的最远的地方就是北京，后来随着三个孩子的出生，更是让两位老人全身心投入到家庭中。可喜的是自己的几个孩子都很有出息，一个个都是名牌大学出身，毕业后都留在了大城市且安了家。

没有了儿女的负担，老太太也想来一场说走就走的旅行。首先，年过六十的她戴上老花镜，在孙子的指导下玩起了电脑，做起了自己的旅游攻略。孙子每天晚上在书桌旁边写作业，她就在旁边认真地写着旅游景点以及应该注意的事项。一个月下来，她密密麻麻地记了一小本的旅游攻略。与此同时，她还与老伴每天没事就去转转运动城，买一些旅游要用到的装备。

老太太整个人像是要出去春游的小学生，兴致勃勃地准备着所有的东西。虽然朋友看了老太太做的旅游准备，但还是不放心，说要等到放假带着老太太一起出去，老太太却嫌朋友太麻烦，自己照顾了他半辈子，出去旅游还要带上他，便义正词严地拒绝了朋友的建议。

朋友哭笑不得，只好给老太太准备好了所有旅游要用到的东西，一遍一遍叮嘱着二老要注意的事情，才悬着一颗心将二老送到了火车站。

出乎朋友意料的是，老太太不仅在旅途中十分顺利，并且还主动担任了老年旅行团里的"景点顾问"。一路下来，朋友每天都能收到老太太记录的犹如小学生日记一样的"报告"，并附赠二老的合照，以及一些名胜古迹、旅游景点的自拍照。

现在，老太太已经不需要旅行团的带领了，完全可以独立出去旅行，说去哪里就去哪里，有时候还会邀请上和自己一样有兴趣的老年朋友一起出行。

老太太说走就走的决心让我敬佩不已。我身边很多人也热爱旅行，每天将诗和远方挂在嘴边，每天在朋友圈能转发好几条旅行攻略，但是真正背上背包说走就走的，几乎没有。

很多时候我们还没有这位老太太活得精彩，我们总在岁月中蹉跎着，在自己脑海中构建着一个又一个人生规划，却不愿意一步一个脚印地在现实生活中实现它。

有人曾拿电影来比喻人生，但是人生远远没有电影那么简单。电影是一门用故事来讲解人生的艺术，而人生是需要自己脚踏实地拼搏出来的。

扔掉那些脑海中的幻想，脚踏实地地努力拼搏，这才是人生该有的意义。

因果交替，运自己求

人生就像是一个播种灌溉的过程，种下一粒什么样的种子，就会结出什么样的果实。生长的过程是不可逆的，但是种子是你可以挑选的。

就像我身边这两位朋友小山和小卫。小山是典型的三分钟热度，今天吵着要健身，下班后买了健身装备，第二天就报了健身班，剩下的时间里，你每天都能见到他兴致勃勃地跟别人讨论运动量和体脂指数。

结果几个月下来，不仅脂肪没减下来，反而胖了好几斤。而自己的健身装备早已经堆到角落铺上了一层灰，健身卡也不知道扔到哪里去了。等你再问他原因的时候，他会跟你说妻子做的饭菜太好吃，工作太繁忙，根本没有时间去健身。

健身的热度没过去多久，他很快又迷恋上了出国旅行，并且又对英语口语产生了极大的兴趣。他买了一大堆英文口语的书，下载了无数音频文件，刚开始还可以看见他走到哪里都能扯两句英文，慢慢地，可能连他自己都忘了还在学习英文口语这件事。

认识小山的这段时间，见过他想要创业，想要学习，想要健身，但是到最后，什么都没有成功。

还有另外一个朋友小卫，为人低调，平时一直低头在办公室忙于工作，你永远看不到他在办公室高谈阔论，看不到他在口头上说着今天要做什么明天要做什么。但是到最后，他却是做得最好的那个人。

我相信这世界是有因果的。小山总幻想着自己会有一个好的结局，却看不到他为了迎接好的结局而做的准备，最后幻想破灭的时候他还会反过来问为什么别人都能成功，而自己却不能。

你把种子撒在农田里，让它肆意生长，哪怕它再顽强，也逃不过风雨的冲洗、虫蚁的噬咬。坐等丰收往往是痴人的做法，只有用心浇灌，你才能看到自己的种子会结出怎样的果实。

就像小卫，他无论做什么事，总是充满干劲，对同事真诚坦率，对工作认真负责。即便出了问题也不会像小山一样找一大堆借口，而是脚踏实地地干好自己的每件事情，并且想尽办法去解决自己在工作上的问题。

他的每一步都走得格外稳健，工作总能做到很好，升职也很快，并且还赢得了同事的一致好评。

人们都在私底下羡慕小卫的人生，却很少有人去注意小卫为了升职加薪付出了多少努力。人生本来就是一个需要不断灌溉成长的过程，你最初选择了什么样的种子，决定了你未来会种出来什么样的果实，而你怎么灌溉，决定了你人生枝干的质量。

之前曾看过一个名叫《爱的链条》的故事：在美国得克萨斯州一个风雪交加的夜晚，一个名叫克雷斯的年轻人因汽车抛锚被困在荒无人烟的路上。正当他万分焦急的时候，一个骑马的男子正巧经过这里。见此情景，他二话没说就用马帮克雷斯把汽车拉到了小镇上。

事后，当感激不尽的克雷斯拿出不菲的美钞对他表示酬谢时，这个男子说："这不需要回报，但我要你给我一个承诺，当别人有困难的时候，你也要尽力帮助他。"于是，在后来的日子里，克雷斯主动帮助了许许多多的人，并且每次都没有忘记转述那句同样的话给所有被他帮助的人。许多年后的一天，克雷斯被突然暴发的洪水困在了一个孤岛上，一个勇敢的少年冒着被洪水吞噬的危险救了他。

当他感谢少年的时候，少年竟然也说出了那句克雷斯曾说过无数次的话："这不需要回报，但我要你给我一个承诺……"克雷斯的胸中顿时涌起了一股暖暖的激流："原来，我穿起的这根关于爱的链条，周转了无数的人，最后经过少年还给了我，我一生做的这些好事，全都是为我自己做的！"

善良的人播下一颗善良的种子，便会收获更多的温暖；种下一颗嫉恶的种子，便会蔓延出无尽的黑暗。

看完这个故事之后，不禁想起我刚刚进入公司时候的场景。当时和我一起分到一个部门的还有其他两个女生，因为两个人长得都很漂亮，身材相貌也有些相近，所以公司同事都戏称她们为"大小二乔"。

大乔做事比较认真负责，在工作上仔细的程度几近"强迫症"，而小乔思维比较活跃，在工作上更喜欢找一些小捷径。上级一般都喜欢将重要的事情托付给做事仔细的人，把创造性的工作交给思维活跃的人。

所以，大小乔由此在工作上的分工一下子开始明确起来。两个人一路互相合作，如影相随，关系好到以姐妹相称。她们一直坚持到在公司转正，但公司之间的竞争是激烈的，甚至有时候是残酷的。你昨天还在握手的伙伴，有可能今天就变成竞争的对手。这对姐妹也不例外，没过多久，选调公司总部的机会来了。

昔日的朋友，一下子成了竞争对手。而两个人各有特点，工作能力不相上下，一时让经理犯了难。他左思右想，还是决定将最后的决定权交给总部。

总部没多久回话，说要过来两个代表面试，从大小乔中选择一个调入公司总部。

消息传开之后，两个人表面上虽然还是一团和气，但是私下却不如之前那样每天黏在一起了。两个人都在私下里认真地准备着，迎接着面试的到来。可是，人在极度的紧张状态下，往往会做出一些自己都意想不到的事情。

面试的前一天晚上，大乔的面试准备材料遗忘在了办公桌上，第二天上班的时候，大乔才发现自己的资料在碎纸机中，早已成了一条条纸片。

是谁做的，每个人都心知肚明，但又说不出口。监控里那边是个死角，在夜晚的监控录像下，只看到有人小心翼翼地伸出一只手，悄无声息地拿走了资料。

小乔自然不承认，没人证明是她做的。她那天准备好自己的履历资料，昂首挺胸地进了面试室。大乔却因为这件事，与去总部的机会失之交臂。

大乔因为这件事消沉了很久，只知道每天没日没夜地工作着。终于，一年后总部选调的机会又来了，这次和考试官一起来的，还有之前去了总部的小乔。

小乔的工作模式并不适合总部的运作，在这一年里，她的工作没有一点起色，甚至还因为和同事不和闹了几次矛盾。这次她回来，是被调回原位，但她也很清楚，这个公司因为之前的那件事，已经不会再用她了。

大乔如愿去了总部，而且谨慎负责的态度慢慢得到了上级的认可和赏识，甚至很快获得了升职加薪的机会。而小乔在主动递交了辞呈之后，就再也没有人见过她了。

人一生会面临很多选择，你可以选择用什么态度去面对人生，也可以选择用什么方式去解决问题，甚至可以选择用什么样的态度与人交际……

但是你的选择往往会决定你的人生质量，你的方式会影响问题的结果，你的态度会带给你不同的人生际遇。

这一切都有着因果关系，所有的结果，无论好坏，也都是你自己的选择。无论是小山还是小卫，无论是大乔还是小乔，每个人都在种着各自的"因"，收获着所结下的"果"。

不同的是，因为每个人的选择不同，每个人的"果"也不同。因果交替，不复重来，但人生的命运，却是可以自己选择的。